RAL·NEU 研究报告　No.0005

高品质电工钢的研究与开发

轧制技术及连轧自动化国家重点实验室
（东北大学）

北　京

冶 金 工 业 出 版 社

2014

内 容 简 介

本书以双辊薄带连铸流程为基础，以高品质无取向和取向硅钢为对象，系统介绍了在亚快速凝固、二次冷却以及后续冷轧、退火条件下，Fe-Si 合金全流程组织、织构、析出和磁性能演化的基础理论、影响因素和控制方法，以及制备具有优异磁性能的高效电机用无取向硅钢的工艺和技术；同时，在薄带连铸硅钢和低温路线制备取向硅钢的基础上，提出了高磁感超低碳取向硅钢的制造理论与技术。本书所研究内容突破了采用薄带连铸生产高性能电工钢中的关键科学和技术问题，具有重要的理论意义和应用价值。

本书可供冶金、机械、电力行业从事电工钢钢种开发、生产工作的科研人员、工程技术人员阅读，也可供高等院校相关专业师生参考。

图书在版编目（CIP）数据

高品质电工钢的研究与开发/轧制技术及连轧自动化国家重点
实验室（东北大学）著. —北京：冶金工业出版社，2014.10
（RAL·NEU 研究报告）
ISBN 978-7-5024-6708-1

Ⅰ.①高… Ⅱ.①轧… Ⅲ.①电工钢—研究 Ⅳ.①TM275

中国版本图书馆 CIP 数据核字（2014）第 220867 号

出 版 人 谭学余
地 址 北京市东城区嵩祝院北巷 39 号 邮编 100009 电话 (010)64027926
网 址 www.cnmip.com.cn 电子信箱 yjcbs@cnmip.com.cn
责任编辑 李培禄 卢 敏 美术编辑 彭子赫 版式设计 孙跃红
责任校对 卿文春 责任印制 牛晓波
ISBN 978-7-5024-6708-1

冶金工业出版社出版发行；各地新华书店经销；北京百善印刷厂印刷
2014 年 10 月第 1 版，2014 年 10 月第 1 次印刷
169mm×239mm；10.25 印张；159 千字；143 页
39.00 元

冶金工业出版社 投稿电话 (010)64027932 投稿信箱 tougao@cnmip.com.cn
冶金工业出版社营销中心 电话 (010)64044283 传真 (010)64027893
冶金书店 地址 北京市东四西大街 46 号(100010) 电话 (010)65289081(兼传真)
冶金工业出版社天猫旗舰店 yjgy.tmall.com
（本书如有印装质量问题，本社营销中心负责退换）

研究项目概述

1. 研究项目背景与立题依据

　　硅钢是电力、电子和军工等领域广泛应用的重要软磁材料，主要用于制造电动机、发电机、变压器的铁芯和各种电讯器材，按重量计占磁性材料用量的 90% 以上，是具有高附加值和战略意义的钢铁产品。

　　传统硅钢流程生产工艺复杂，制造难度大，技术要求严格苛刻，具有高度的保密性和垄断性。以传统的厚板坯连铸—常规热轧过程为例，由于厚板坯连铸参数可控性差，导致凝固组织粗大、分布不均匀，对析出物或抑制剂缺乏有效的调控手段。为破坏有害的铸造组织，需要经过 9~10 个机架组成的热连轧机，总压缩比高达 100 左右，这不仅导致生产线流程冗长、能耗高、稳定性差等问题影响生产效率，而且使硅钢组织、织构和磁性能的控制面临一系列非常棘手，甚至难以克服的工艺"瓶颈"限制。对于无取向硅钢（NGO）而言，大压缩比、多道次热轧过程中会出现大量不利于降低铁损的有害析出物和不利于提高磁感的 γ 织构组分；而在取向硅钢（GO）中，由于抑制剂在连铸过程中被提前消耗，必须采用铸坯高温加热或低温加热-后渗氮工艺。铸坯高温加热温度接近 1400℃，大幅度降低成材率；而低温加热技术在后续热处理过程中进行渗氮处理以补偿抑制剂，技术难度大，工艺复杂。另外，热轧过程会导致 AlN、MnS 等抑制剂提前析出并粗化，影响对初次再结晶晶粒的钉扎效果，从而造成二次再结晶不充分，严重损害材料的磁性能。

　　正是传统流程（包括薄板坯连铸连轧技术）固有的成分、工艺设计缺陷，使其在低成本、高品质的新一代电工钢开发方面显得尤为困难。例如，高效电机用钢代表了新一代低铁损高磁感无取向硅钢的发展趋势，在节能高效等方面具有显著优势。然而，采用传统工艺生产该钢种，不仅工艺复杂、成本昂贵、技术难度大，而且降低铁损、提高磁感的幅度有限，同时不利于钢带的力学性能、饱和极化强度和导热性能的改善。再如，薄规格化是提高电工钢磁性能的重要途径之一，但是常规流程的热带规格和冷轧压下量限制超低铁损薄规格电工钢开发。冷轧压下量太大，NGO 硅钢会产生大量不利织构（如 α 和 γ 织构），而 GO 硅钢则导致抑制剂和有利高斯晶核分布密度及均匀性大大下降，从而达不到所要求的磁性能水平。

我国自 20 世纪 70 年代从日本引进硅钢生产技术至今，已经突破了国外严格的技术封锁，基本掌握了厚板坯流程制备硅钢的核心技术。目前我国硅钢总体产能过剩，但生产成本高、成材率低，高性能产品的产量、质量和品种构成仍落后于发达国家，相同牌号实物质量与国际先进水平差距较大，无法满足快速发展的各工业领域的需求。例如，高牌号 GO 硅钢和 NGO 硅钢仍主要依赖于进口（军工需要的高性能产品无法进口），B_{50} 高于 1.80T 的高效电机用钢产品仍是空白。

双辊薄带连铸技术（twin roll strip casting，TRSC）是连铸领域最具潜力的一项新技术，是当今世界上薄带钢生产的前沿技术，是世界各大钢铁企业纷纷投入巨资竞相开发的一种短流程、低能耗、投资省、成本低和绿色环保的新工艺。双辊薄带连铸工艺不同于传统薄带的生产方法，可以省去加热、热轧等生产工序，以转动的两个铸辊作为结晶器，将钢水直接注入铸轧辊和侧封板形成的熔池内，液态钢水在短时间（亚）快速凝固并承受塑性变形而直接生产出 1~6mm 薄带钢。

东北大学轧制技术及连轧自动化国家重点实验室（RAL）在国内较早开始薄带连铸技术研究，经过多年工作积累深刻认识到，与传统厚板坯热轧流程相比，薄带连铸技术不仅具有流程紧凑、工序缩短、节省能源、降低投资等短流程优势，而且在微观组织和织构控制上也具有独特的优越性。例如，双辊薄带连铸凝固组织和织构的可控性，为硅钢获得有利的织构提供了柔性的工艺窗口；薄带连铸的快速凝固过程，可以保证抑制剂在铸带中以过饱和固溶形式存在，使得 GO 硅钢无需高温加热和后渗氮工艺；取消传统热连轧过程，可抑制 NGO 硅钢有害的析出物和不利的 γ 织构的产生，避免了 GO 硅钢中 AlN 的过早析出粗化现象；通过提高 NGO 硅钢中有利织构比例，保证成品 GO 硅钢中抑制剂及高斯晶核数量、密度和均匀性，有望开发超薄规格电工钢，极大地降低铁损，进一步提高磁性能。

正是基于上述分析，RAL 抓住国际上刚刚起步、尚未系统研究的历史机遇，在国家自然科学基金（钢铁联合研究基金重点支持项目）"基于双辊薄带连铸的高品质硅钢织构控制理论与工业化技术研究"、"凝固、冷却及热处理一体化柔性调控无取向硅钢夹杂物与析出物的基础研究"，国家"十二五"支撑计划项目"高品质硅钢铸轧生产流程关键技术集成及示范"等课题的支持下，对基于双辊薄带连铸的高品质硅钢基础理论与工业化技术进行了大量的研究和开发工作。本研究报告重点聚焦高效电机用钢、超低碳取向硅钢以及中温加热取向硅钢等内容，主要研究薄带连铸等短流程过程电工钢微观组织、织构和析出物演变的冶金学原理、影响因素和控制方法，实现超短流程制备高品质硅钢成分和工艺的精确设计，开发具有自主知识产权的新一代硅钢原型钢，储备薄带连铸创新技术、工艺和装备的研发能力，引领世界薄带连铸技术和硅钢生产技术的发展。

2. 研究进展与成果

（1）双辊薄带连铸高效电机用钢。高效电机用钢是在低碳、低硅电工钢基础上发展而来的一种较好地兼顾铁损和磁感的钢种，解决或缓解了中低牌号无取向电工钢存在的铁损和磁感相互矛盾的问题。高效电机用钢的使用可以有效地提高电机效率，降低能源损耗，并可缩小铁芯截面面积，满足电器产品高效率、小型化的要求。

20 世纪 80 年代以来，日本的新日铁、川崎、NKK、住友和德国的 EBG 等公司都先后推出了高效电机用无取向电工钢系列。新日铁主要在纯净钢质的基础上降低硅含量提高锰含量；JFE 主要是调整硅、铝成分，降低夹杂物含量和控制冷轧前织构；住友主要是加入特殊元素，控制成品织构和减薄产品厚度；川崎则是添加铝和稀土元素，控制夹杂物大小及分布。

RAL 通过减薄铸带厚度、优化浇铸温度和调整铸辊转速等方法成功制备了具有优异磁性能的高效率高性能电机用 NGO 钢，中牌号（$w(Al + Si) = 1.5\%$）无取向硅钢的磁性能分别达到如下指标：$P_{15/50} = 4.3W/kg$，$B_{50} = 1.84T$。日本 JFE 和新日铁同类产品的典型值分别为：$P_{15/50} = 4.5W/kg$，$B_{50} = 1.70T$。宝钢高磁感 NGO 钢的典型值分别为：$P_{15/50} = 3.7W/kg$，$B_{50} = 1.74T$。也就是说，磁性能较常规厚板坯连铸流程和薄板坯连铸流程产品有显著提升。在此基础上该课题组还系统研究了铸轧无取向硅钢组织和织构控制理论与技术，发现了双辊铸轧高性能无取向硅钢在微观结构和取向控制上的特点和优势。

1) 双辊薄带连铸由于冷却速度很快，凝固时首先生成的是均匀的 $\{100\}\langle 0vw\rangle$ 位向柱状晶，从而使得 γ 织构很弱或几乎没有。利用织构的遗传性可以使无取向硅钢成品中的 $\{100\}$ 或 Goss 组分增加，从而提高磁感。

2) 薄带连铸的铸带组织比传统热轧组织的晶粒更加粗大、均匀（平均晶粒尺寸可达到 $300\mu m$ 以上），其晶粒尺寸甚至远大于传统热轧后经过常化（或预退火）处理的冷轧坯料，这种粗大晶粒在冷轧时生成更多剪切带从而促进 Cube 和 Goss 取向晶粒生成，有利于减少热轧过程中形成的 γ 织构的遗传作用，提高磁性能。

3) 减薄铸带厚度可以减小冷轧压下量，从而降低晶粒的偏转角度，减少有害织构的积累，增大再结晶晶粒尺寸，更大程度地保留铸带中的 $\{100\}$ 织构，提高成品的磁感，降低铁损和磁各向异性。

由此看来，双辊薄带连铸不仅可以大大降低建设投资和生产成本，而且在生产高性能无取向硅钢方面具有独特的优势。该流程可以取消热轧和常化（预退火），并通过合理控制过热度、铸轧、二次冷却工艺，获得晶粒尺寸合适和有利织构较强的薄带坯，再结合后续冷轧及热处理工艺，能够获得具有优异磁性能的高效率电机用钢。

(2) 高性能中温取向硅钢。与无取向硅钢不同，取向硅钢是通过 Goss 晶粒发生二次再结晶形成的，在轧制方向具有高磁感、低铁损的优良磁性能，主要用于各种变压器的铁芯，是电力、电子和军事工业中不可缺少的重要软磁合金。其制造工艺和设备复杂，成分控制严格，杂质含量要求极低，制造工序长和影响性能因素多，是技术难度大、水平高的特钢艺术产品。

取向硅钢抑制剂的控制是保证高斯晶粒发生二次再结晶的关键因素，直接影响产品的磁性能。采用以 AlN 及 MnS 为主要抑制剂生产取向硅钢时，铸坯需经过高温加热，使铸坯中的 MnS 和 AlN 重新固溶，并在后续热轧及常化过程中细小弥散析出，以抑制初次再结晶晶粒长大，促进二次再结晶的发生。普通取向硅钢（CGO）铸坯加热温度规定为 $1350\sim1370℃$，高磁感取向硅钢（Hi-B）加热温度高达 $1400℃$。如此高的加热温度带来了能耗高、成材率低等一系列的缺点。因此，本研究选择固溶温度较低的 Cu_2S 为主要抑制剂，成功地把铸坯加热温度降低到 1300℃ 以下，并研究了与之相适应的冷轧及退火工艺和中温加热取向硅钢全流程组织、织构、抑制剂演变规律，在实验室条件下成功制备了 $B_8 = 1.91T$ 的高磁感取向硅钢。其冶金学研究结果表明：

1）中温取向硅钢的初次再结晶晶粒尺寸约 $18\mu m$，一阶段冷轧法生产取向硅钢的初次再结晶晶粒尺寸约 $19\mu m$。两阶段冷轧中间退火发生初次再结晶而使晶粒得到细化。

2）中等压下率冷轧可以获得更多高斯取向的再结晶晶粒。例如两阶段冷轧法生产的中温取向硅钢在初次再结晶基体中高斯晶粒的体积分数为 0.6%左右，一阶段冷轧法中高斯晶粒的体积分数仅为约 0.3%。

3）两阶段冷轧过程取向硅钢初次再结晶基体上，重位点阵晶界（$\Sigma5$、$\Sigma9$）以及 20°~45°取向偏差角所占的比例均强于一阶段冷轧法，更有利于高斯晶粒发生二次再结晶。

（3）双辊薄带连铸超低碳取向硅钢。在双辊薄带连铸条件下，取向硅钢组织、织构及抑制剂的控制与常规取向硅钢完全不同，如何在铸轧条件下获得细小均匀的初次再结晶组织，足够的高斯种子和细小弥散的抑制剂，以保证高斯晶粒发生完善的二次再结晶，这是制备铸轧取向硅钢的关键所在。

由于薄带连铸的快速凝固/冷却特点可以使抑制剂充分固溶在铸坯内，本课题开创性地提出了超低碳铸轧取向硅钢新成分和工艺体系。将碳含量控制在 40×10^{-4}% 以下和在工艺上取消热轧及常化过程，在国际上首次成功制备出二次再结晶比率超过 95%、晶粒尺寸 10~30mm 的 0.27mm 厚取向硅钢原型钢，磁感值 B_8 在 1.94T 以上，达到 Hi-B 钢磁性能水平。

1）通过改变过热度调控铸轧初始组织，获得尺寸较小的等轴晶，并采用两阶段冷轧工艺消除铸带组织的不均匀性，从而获得具有细小晶粒尺寸的初次再结晶组织。

2）铸带冷轧后退火过程中高斯晶粒在高密度剪切带上形核长大，可以保证二次再结晶所需高斯种子的数量，并实现高斯晶核在厚度方向上的均匀分布。

3）薄带连铸的快速凝固及灵活的二次冷却工艺为抑制剂提供了柔性化的控制手段。一方面，可以通过合理选择抑制剂及控制二次冷却路径，在铸带中获得细小弥散的析出物；另一方面，也可以利用快速凝固及冷却过程，抑制薄带连铸中第二相粒子的析出，以保证在后续冷轧退火过程中的大量析出。

在 2012 年 3 月 8 日国家自然科学基金委员会工程与材料学部组织的关于"基于双辊薄带连铸的高品质硅钢织构控制理论与工业化技术研究"（批准号：50734001）重点项目验收评审会上，该项目相关研究成果受到与会专家的高度评价，一致认为"在高品质硅钢制备技术上取得重要突破，研究成果达到国际领先水平"。

在本课题研究成果的基础上，RAL 建议并承担了国家"十二五"支撑计划项目"高品质硅钢铸轧生产流程关键技术集成及示范"和"863"高技术项目"节能型电机用高硅电工钢"，分别在沙钢建立宽度 1050～1250mm 硅钢薄带连铸生产示范线和在武钢建立宽度 400～550mm 节能高效电机用高硅钢中试研究—生产示范线，科研成果正在转化为生产力，将为高性能、节约型、低成本硅钢工业化生产发挥重要的示范作用。

3. 论文与专利

论文：

（1）Yunbo Xu, Yuanxiang Zhang, Yang Wang, Chenggang Li, Guangming Cao, Zhenyu Liu, Guodong Wang. Evolution of cube texture in strip-cast non-oriented silicon steels [J]. Scripta Materialia, 2014, 87: 17～20.

（2）Yuanxiang Zhang, Yunbo Xu, Haitao Liu, Chenggang Li, Guangming Cao, Zhenyu Liu, Guodong Wang. Microstructure, texture and magnetic properties of strip-cast 1.3% Si non-oriented electrical steels [J]. Journal of Magnetism and Magnetic Materials, 2012, 324(20): 3328～3333. (SCI 期刊论文)

（3）张元祥，许云波，刘振宇，王国栋. 双辊薄带连铸对无取向硅钢织构和磁性能的影响[J]. 材料热处理学报，2012(8): 64～68. (EI 期刊论文)

（4）张元祥，许云波，刘振宇，王国栋. 双辊薄带连铸 1.2% Si 无取向电工钢组织和析出物[J]. 东北大学学报（自然科学版），2012(5): 653～

656，672.（EI 期刊论文）

（5）许云波，侯晓英，王业勤，吴迪．快速加热连续退火对超高强 TRIP 钢显微组织与力学性能的影响［J］. Jinshu Xuebao/acta Metallurgical Sinica，2012（2）：176～182.（SCI、EI 期刊论文）

（6）侯自勇，许云波，吴迪．超快速退火下超低碳钢的再结晶行为研究［J］. Jinshu Xuebao/acta Metallurgical Sinica，2012（9）：1057～1066.（SCI、EI 期刊论文）

（7）Ziyong Hou，Yunbo Xu，Di Wu，Guodong Wang. Study of microstructure and Texture of Nb-IF high strength steel after cold rolling and annealing［J］. Advanced Materials Research，2012，538～541：1208～1212.（SCI、EI 期刊论文）

（8）Yang Wang，Yunbo Xu，Yuanxiang Zhang，Feng Fang，Xiang Lu，Guodong Wang. Formation of {411}⟨148⟩ recrystallization texture in grain-oriented electrical steel ［C］. International Conference on Material Processing Technology 2013，Bangkok Thailand，2013：157～160.

（9）Yang Wang，Yunbo Xu，Yuanxiang Zhang，Feng Fang，Xiang Lu，Yongmei Yu，Guodong Wang. Cu_2S and AlN precipitates in Fe-3% Si-0.5% Cu steel produced by low slab reheating technique［J］. Advanced Materials Research，2013，790：69～72.

（10）Yuanxiang Zhang，Yunbo Xu，Yang Wang，Guodong Wang. Evolution of microstructures and texture of 1.3% Si non-oriented electrical steel in the twin-roll strip casting process ［C］. The 8th Pacific Rim International Congress on Advanced Materials and Processing（PRICM-8），Hawaii USA，2013：609～614.

（11）Yongmei Yu，Desheng Du，Yunbo Xu. The flow stress and microstructures of Fe-1.6% Si silicon steel［J］. Applied Mechanics and Materials，2013，401～403：840～843.

（12）王洋，许云波，张元祥，王国栋．冷轧工艺对取向硅钢初次再结晶织构的影响［J］. 东北大学学报（自然科学版），2014，35（2）：217～222.

（13）Yongmei Yu，Yunbo Xu，Yuanxiang Zhang，Ting Zhang，Xiaoming Zhang，Guodong Wang. Structure and precipitation of strip as-cast and hot-rolled by

TSCR on orientation silicon steel[J]. Materials Science Form, 2011, 686: 506 ~ 510.

(14) Yongmei Yu, Yunbo Xu, Changsheng Li , Guodong Wang. Effect of cold rolling on crystallographic texture of oriented silicon steel produced by TSCR[J]. Materials Research Innovations, Supplement , 2011, 15: S274 ~ S277.

(15) 于永梅，李长生，王国栋. 薄板坯连铸连轧生产取向硅钢技术的研究[J]. 钢铁, 2007, 42(11): 45 ~ 47.

(16) 于永梅，李长生，王国栋. TSCR 热轧工艺参数对 Fe-3% Si 钢带织构的影响[J]. 功能材料, 2008, 39(2): 268 ~ 270.

(17) 于永梅，李长生，王国栋. 薄板坯连铸连轧 Fe-3% Si 钢带析出物的实验研究[J]. 材料热处理学报, 2008, 29(3): 76 ~ 79.

(18) Yunbo Xu, Yongmei Yu, Guangming Cao, Changsheng Li, Guodong Wang. Microstructure and crystallographic texture of strip-cast Fe-3.2% Si steel sheet [J]. Int. J. Mod. Phys. B, 2008, 22(31&32): 5762 ~ 5767.

(19) Yunbo Xu, Yongmei Yu, Baoliang Xiao, Guodong Wang. Microstructural modeling and processing optimization during hot strip rolling of high-Nb steels [J]. Steel Res. Int, 2010, 81: 74 ~ 77.

(20) Yunbo Xu, Yongmei Yu, Baoliang Xiao, Zhenyu Liu, Guodong Wang. Analysis of change in microstructure and properties during high temperature processing of ultralow C and high Nb microalloyed steel[J]. Materials Science and Technology, 2011, 27: 1558 ~ 1564.

(21) Yunbo Xu, Yongmei Yu, Xianghua Liu, Guodong Wang. Modelling of microstructure evolution during hot rolling of a high-Nb HSLA steel[J]. Journal of University of Science and Technology Beijing, Mineral, Metallurgy, Material, 2010, 15: 396 ~ 401. (Springer, EI/SCI, IF2.015)

(22) Yunbo Xu, Yongmei Yu, Baoliang Xiao, Zhenyu Liu, Guodong Wang. Microstructural evolution in an ultralow-C and high-Nb bearing steel during continuous cooling[J]. Journal of Materials Science, 2009, 44: 3928 ~ 3935. (Springer, EI/SCI, IF2.015)

（23）Xiaodong Tan, Yunbo Xu, Xiaolong Yang, Di Wu. Effect of partitioning procedure on microstructure and mechanical properties of a hot-rolled directly quenched and partitioned steel［J］. Materials Science and Engineering A, 2014, 607: 149 ~ 160.

（24）Xiaodong Tan, Yunbo Xu, Xiaolong Yang, Di Wu. Microstructure-properties relationship in a one-step quenched and partitioned steel［J］ Materials Science and Engineering A, 2014, 589: 101 ~ 111. (Elsevier Science, SCI, IF2. 108)

（25）Xiaolong Yang, Yunbo Xu, Xiaodong Tan, Di Wu. Influences of crystallography and delamination on anisotropy of Charpy impact toughness in API X100 pipeline steel［J］. Materials Science and Engineering A, 2014, 607: 53 ~ 62.

专利：

（1）许云波，吴迪，刘相华，王国栋，于永梅. 轧制过程在线检测钢板力学性能的方法，2005-03-29，中国，ZL200510046131. 4。

（2）许云波，吴迪，刘相华，王国栋，于永梅. 轧制过程钢板内部组织晶粒尺寸的软测量方法，2005-03-29，中国，ZL200510046130. X。

（3）许云波，邓天勇，赵颜峰，吴迪，刘相华，王国栋. 一种钢板控轧控冷过程温度制度的逆向优化方法，2008-11-07，中国，ZL200810228623. 9。

（4）许云波，董毅，于永梅，侯晓英，吴迪，刘相华，王国栋. 抗拉强度750MPa 以上的超细晶热轧双相钢及其板材制造方法，2010-07-08，中国，ZL201010220990. 1。

（5）许云波，张元祥，王洋，曹光明，李成刚，刘振宇，方烽，卢翔，王国栋. 一种基于双辊薄带连铸技术的 1. 5mm Fe-Si 合金铸带组织控制方法，2013-12-06，申请号 2013106520749。

（6）许云波，张元祥，王洋 ，曹光明，李成刚，刘振宇，方烽，卢翔，王国栋. 一种基于双辊薄带连铸技术的高效电机用无取向电工钢的制造方法，2013-12-06，申请号 2013106505240。

4. 项目完成人员

主要完成人员	职　称	单　位
王国栋	教授（院士）	东北大学
刘振宇	教　授	东北大学
许云波	教　授	东北大学
张晓明	教　授	东北大学
曹光明	副教授	东北大学
刘海涛	副教授	东北大学
李成刚	工程师	东北大学
张元祥	博士生	东北大学
王　洋	博士生	东北大学
吴立国	硕士生	东北大学

5. 报告执笔人

许云波、张元祥、王洋。

6. 致谢

首先感谢国家自然科学基金重点和面上项目"基于双辊薄带连铸的高品质硅钢织构控制理论与工业化技术研究（50734001）"、"凝固、冷却及热处理一体化柔性调控无取向硅钢夹杂物与析出物的基础研究（U1260204）"、"非等温热激励下大变形薄带连铸 Fe-Si 合金的超快速再结晶与择优取向研究（51174059）"，以及国家"十二五""863"高技术项目"节能型电机用高硅电工钢"和国家"十二五"支撑计划项目"高品质硅钢铸轧生产流程关键技术集成及示范"等项目对本工作给予的资助。

本研究工作是在王国栋院士、刘振宇教授的直接领导下，在许云波教授、张晓明教授、李成刚老师、曹光明副教授、刘海涛副教授等课题组成员的积极参与下完成的。

同时感谢薄带连铸硅钢课题组的袁国副教授、李海军副教授、赵文柱高工、崔海涛博士、邱以清副教授、李家栋博士、王贵桥博士等老师的大力支持与帮助；感谢吴立国、卢翔、方烽、牟俊生、谢顺卿、焦海涛、韩琼琼等研究生同学的积极参与和无私奉献；感谢沙钢研究院李化龙博士、马建超博士提供的耐心指导！

最后，再次衷心感谢东北大学轧制技术及连轧自动化国家重点实验室各位老师以及所有给予支持、关心和帮助的老师、同学和朋友们！

目　　录

摘　　要

硅钢是电力、电子和军事工业领域不可缺少的重要软磁材料，主要用于制造电动机、发电机、变压器的铁芯和各种电讯器材，是具有高附加值和战略意义的钢铁产品。

传统硅钢的厚板坯连铸-常规热轧过程，不仅流程冗长，能耗高，而且影响参数很多，生产稳定性差，组织控制难度很大，成材率很低。双辊薄带连铸（twin roll strip casting，TRSC）技术是连铸领域最具潜力的一项新技术，是世界各大钢铁企业纷纷投入巨资竞相开发的一种短流程、低能耗、投资省、成本低和绿色环保的新工艺。双辊薄带连铸工艺不同于传统薄带的生产方法，以转动的两个铸辊作为结晶器，将钢水直接注入铸轧辊和侧封板形成的熔池内，液态钢水在短时间（亚）快速凝固并承受塑性变形而直接生产出 1～6mm 薄带钢，可以实现对冷轧钢带初始组织和织构的有效控制，在生产高品质硅钢方面具有独特的优势。

本研究以双辊薄带连铸流程为基础，以高品质无取向和取向硅钢为对象，系统研究在亚快速凝固、二次冷却以及后续冷轧、退火条件下，Fe-Si 合金全流程组织、织构、析出和磁性能演化的基础理论、影响因素和控制方法，成功制备了具有优异磁性能的高效电机用无取向硅钢。在薄带连铸硅钢和低温路线制备取向硅钢的基础上，提出了高磁感超低碳取向硅钢的制造理论与技术。本研究突破了采用薄带连铸生产高性能电工钢中的关键科学和技术问题，具有重要的理论意义和应用价值。

在合理的铸轧工艺下，铸带组织比传统热轧组织的晶粒更加粗大、均匀，其晶粒尺寸甚至远大于传统热轧后经过常化处理的冷轧坯料，这种粗大晶粒在冷轧中生成更多剪切带，从而促进 Cube 和 Goss 取向晶粒生成，有利于减少热轧过程中形成的 γ 织构的遗传作用，提高磁性能。双辊铸轧生产的1.3% Si 高效电机用无取向硅钢，与同等成分的传统产品 50W600（磁感值≥

1.66T）相比，总体铁损较低，磁感很高，其磁性能指标均达到了 50W540 水准，磁感高出 0.1T 以上，轧向磁感值达到 1.84T，显示了双辊薄带连铸生产高品质无取向硅钢的优势。

薄带连铸具有快速凝固和快速冷却的特点可以使抑制剂充分固溶，本研究报告提出了超低碳铸轧取向硅钢新成分和工艺体系。将碳含量控制在 $40 \times 10^{-4}\%$ 以下和在工艺上取消热轧、常化和脱碳过程，在国际上首次成功制备出二次再结晶比率超过 95%、晶粒尺寸为 $10 \sim 30\mathrm{mm}$ 的 0.27mm 厚取向硅钢原型钢，磁感值 B_8 在 1.92T 以上，达到 Hi-B 钢磁性能水平。

关键词：双辊薄带连铸；硅钢；组织；织构；磁性能

1 绪 论

电工钢具有高磁感、低铁损的优良性能，主要用于各种电机、发电机和变压器的铁芯，是电力、电子和军事工业中不可缺少的重要节能金属功能材料。其中取向硅钢的制造工艺和设备复杂，成分控制严格，杂质含量要求极低，制造工序长和影响性能因素多，因此，其产品质量常被认为是衡量一个国家特殊钢制造技术水平的重要标志，是技术难度大、水平高的特钢艺术产品[1]。

1.1 电工钢概述

1.1.1 电工钢的分类及用途

电工钢按生产方式的不同可以分为热轧硅钢和冷轧硅钢；按晶粒取向的不同可以分为单取向、双取向和无取向硅钢。因为晶粒的取向是冷轧之后二次再结晶发展而来的，所以单取向和双取向硅钢都是冷轧生产的。

热轧硅钢片可利用率低，能量损耗大，其磁感、铁损、冲剪加工性、表面质量、绝缘涂层等质量性能都大大低于冷轧硅钢，主要发达国家在 20 世纪 60 年代时已经陆续停止生产热轧硅钢[1]。

无取向硅钢的晶粒取向较为漫散，在各个方向上具有均匀的磁性特征，主要用作大、中型电机和发电机的铁芯。单取向硅钢是指晶粒取向为 {110}⟨001⟩ 的电工钢，其磁性具有强烈的方向性，在易磁化的轧制方向上具有优越的高磁导率与低损耗特性。双取向硅钢是指取向为 {100}⟨001⟩ 的电工钢，其特点是钢板轧向和横向都为易磁化方向，板面上不存在 ⟨111⟩ 难磁化方向，适合用作各种电机、多种变压器、磁放大扼流线圈等。双取向硅钢的制造工艺非常复杂，对材料的纯净度和钢板表面要求更高，成材率低且生产成本高，目前还未实现工业化生产[2]（书中所提出的取向硅钢如无特别说明均是指单取向硅钢）。

通常把硅含量在 4.5% ~6.7% 范围内的电工钢称为高硅钢。其特点是在高频下铁损明显降低，最大磁导率高，矫顽力低，磁性能非常好，主要用来制造高频电机、高频变压器、扼流线圈和高频磁屏蔽等[1]。值得一提的是，6.5% Si 钢磁致伸缩接近于零，是制作低噪声、低铁损的理想铁芯材料，其研制工作受到了广泛的关注[3]，但由于硅含量过高，其产品很脆，不便于生产和加工。因此，通常把硅含量降低到 4.5% 并添加其他合金元素，在允许存在一定磁致伸缩的条件下来达到提高加工性能的目的。

1.1.2 电工钢的发展历史

在硅钢出现以前，铁芯一直是用工业纯铁制造的。1886 年美国 Westing-house 电气公司用杂质含量约 0.4% 的热轧低碳钢板制成变压器叠片铁芯。1902 年德国古姆利奇[4]发现添加硅元素能使铁的电阻率增高，铁损降低。1903 年美国和德国开始生产热轧硅钢板。1933 年美国 N. P. Goss 采用两次冷轧和退火方法制成沿轧向磁性高的 3% Si 取向硅钢[5]。1935 年美国的 Armco 钢铁公司与 Westinghouse 公司合作利用此高斯专利技术开始生产冷轧硅钢，即 Armco 工艺[6]。1961 年新日铁公司田中悟等[7]以 AlN + MnS 作为抑制剂并采用一次冷轧法试制了高磁感取向硅钢，即 Hi-B 钢。

我国电工钢的发展起步较晚。1957 年由钢铁研究总院研制成功 3% Si 冷轧取向硅钢，到 1973 年，我国已掌握 Armco 技术专利要点。1974 年武汉钢铁公司从新日铁引进冷轧取向硅钢制造装备和专利。1976 ~ 1977 年，钢铁研究总院在验证和消化日本专利的基础上开发了高磁感取向硅钢（Hi-B 钢）[1]。经过近 30 年的发展，截止到 2010 年 6 月，中国约有 37 家电工钢的生产企业，初步统计结果如表 1-1 所示[8]。

表 1-1 中国主要电工钢生产企业初步统计（不完全统计）

序 号	热 轧	轧机台数	冷 轧	
			国 企	民企及外资
1	江苏东台	4	武 钢	万 鼎
2	赤峰远阳	8	宝 钢	广东盈泉
3	福州长乐	3	鞍 钢	福建新万鑫

序 号	热 轧	轧机台数	冷 轧	
			国 企	民企及外资
4	无锡三洲	4	太 钢	无锡华精
5	铁本金凯	6	马 钢	四川丰威
6	江苏金澄	6	涟 钢	浙江荣宙
7	浙江基隆宝	2	通 钢	浙江天洁
8	天津友发	8	本 钢	无锡蓝天
9	沈阳东方	2	新 余	顺德浦项
10	天津大邱庄	4	重 钢	
11	安阳钢厂	2	攀 钢	
12	合肥鑫河	1	首钢迁钢	
13	淮 钢	2	上 矽	
14	重 钢	4		
15	新余钢厂	4		

1.2 无取向硅钢

无取向硅钢是一种碳含量很低的 Si-Fe 合金, 在形变和退火后的钢板中其晶粒呈无规则取向分布, 产品通常为冷轧板材或带材, 其公称厚度为 0.35mm、0.5mm 和 0.65mm, 主要用于制造电动机和发电机。

1.2.1 无取向硅钢的分类

按照生产工艺, 无取向硅钢可分为热轧和冷轧两种, 其中热轧产品已逐步淘汰。按照成分及用途, 无取向硅钢大致可分为[6]:

(1) 冷轧无取向低碳低硅电工钢 $[w(Si) \leqslant 1\%$ 或 $w(Si+Al) \leqslant 1\%]$, 公称厚度 0.5mm、0.65mm, 制造工艺简单, 成本低, 主要用于生产小于 1kW 的家用电机、镇流器、小型变压器等[1];

(2) 中低硅钢 $[w(Si) < 2.0\%]$, 主要用于制造不大于 100kW 的中小型电机、镇流器等, 要求有较高磁感和较低的铁损, 目前, 这类电工钢占总量的 70% ~ 80%;

(3) 低铁损高级无取向硅钢 $[w(Si+Al) \approx 4.0\%]$, 主要用于制造大型电机铁芯；

（4）高硅无取向硅钢 $[w(Si) \approx 6.5\%]$，硅钢磁滞常数极低（0.2×10^{-6}），磁性能优良，主要用于制作电机、高频变压器、低噪声变压器的铁芯和磁屏蔽材料。

1.2.2 无取向硅钢的性能要求

硅钢片的性能不仅直接关系到电能的损耗，而且决定了电机、变压器等产品的性能、体积、重量和成本。衡量无取向电工钢板性能的主要指标如下：

（1）铁芯损耗低。铁损是材料在磁化过程中消耗的无效电能，是划分产品牌号的重要依据。能量通过铁芯发热散失，既损失了电能，又引起了电机和变压器的升温。降低铁损，可以节省大量电能，延长电机和变压器工作运转时间，还可简化冷却装置。

无取向硅钢的铁损保证值一般为 $P_{1.5/50}$，即铁芯在 50Hz 交变磁场下磁化到 1.5T 时所消耗的无效电能。铁损包括磁滞损耗 P_h、涡流损耗 P_e 和反常损耗 P_a 三部分，不同电工钢三种损耗所占的比率存在差别，如表 1-2 所示。无取向硅钢的铁损以 P_h 为主，故降低铁损的关键是降低 P_h。

表 1-2 不同品种硅钢三种损耗所占的比率 （%）

钢 种	P_h	P_e	P_a
无取向中低牌号硅钢	75 ~ 80	—	20 ~ 25
无取向高牌号硅钢	60	10 ~ 13	—
取向硅钢	30	—	70

（2）磁感应强度高。磁感应强度是铁芯单位截面积上通过的磁力线数，也称磁通密度，代表材料的磁化能力[1]。磁感应强度提高，铁芯的激磁电流（也称空载电流）降低，铜损和铁损下降，可节省电能。当电机和变压器功率不变时，磁感应强度提高，设计 B_m 可提高，铁芯截面积可缩小，这使铁芯体积减小和重量减轻，并节省电工钢板、导线、绝缘材料和结构材料用量，降低电机和变压器的总损耗和制造成本，有利于大变压器和大电机的制造、安装和运输。不同电工钢采用的磁感应强度标准不同，如表 1-3 所示，无取向硅钢的磁感应强度保证值为 B_{50}，即 5000A/m 磁场下的磁感值，单位为 T。

表 1-3 不同品种硅钢的磁感保证值

项 目	热轧硅钢	冷轧无取向硅钢	冷轧取向硅钢
磁性能标准	B_{25}	B_{50}	B_8
磁感应强度最大值 B_m/T	1.40 ~ 1.55	1.55 ~ 1.70	1.75 ~ 1.90

（3）磁各向异性。电机是在高速运转状态下工作的，其铁芯用带齿圆形冲片叠成的定子和转子组成，要求电工钢板为磁各向同性，用无取向电工钢制造。一般要求纵横向铁损差值小于8%，磁感差值小于10%。

（4）冲片性良好。用户使用电工钢板时冲剪工作量很大，特别是小电机和家用电机，要求冲片性能良好，以提高冲模和剪刀寿命，保证冲剪片尺寸精确和减小冲剪片毛刺。

（5）钢板表面光滑、平整和厚度均匀。钢板表面质量高、板形好、厚向差小可以提高铁芯的叠片系数，进而提高铁芯有效利用空间，减小空气隙，降低激磁电流，还可降低噪声。电工钢板的叠片系数每降低1%，相当于铁损增高2%，磁感降低1%。

（6）绝缘薄膜性能好。为防止铁芯叠片间发生短路而增大涡流损耗，冷轧电工钢板表面涂一薄层绝缘膜。要求绝缘膜薄且均匀、层间电阻高、附着性好、冲片性好、耐腐蚀、焊接性好，另外耐热性也要好，以便用户消除应力退火时不会破坏。

（7）磁时效现象小。电工钢板的磁性随电机和变压器使用时间变化而变化的现象称为磁时效[7]。铁芯在工作时温度会升高，钢中的C、N等原子以细小弥散的碳氮化物形式析出，引起矫顽力和铁损的增高。

（8）磁致伸缩小。磁化时，材料尺寸沿磁化方向发生变化，是变压器等产生噪声的一个重要原因，除特殊场合外，一般不做要求[9]。

1.2.3 影响无取向硅钢性能的因素

影响无取向硅钢性能的因素主要有化学成分、晶粒尺寸、夹杂物、晶体织构、应力状态、钢板厚度和表面状态等。

（1）晶粒尺寸：晶粒尺寸对磁性能的影响是双重的。一方面晶界处点阵畸变、晶粒缺陷多，内应力大，阻碍了畴壁的移动，晶粒越大，晶界面积越小，磁滞损耗和矫顽力降低；另一方面，晶粒尺寸越大，磁畴尺寸增大，涡流损耗和考虑磁畴结构的反常涡流损耗增加。因此，存在一个最佳晶粒尺寸，使得总铁损最低。最佳晶粒尺寸与成分、夹杂、磁场等许多因素有关，它随着 Si/Al 含量的增加而增加，随着夹杂物数量的增加而增加[9]，随着磁场强度的增加而减小。无取向硅钢中磁滞损耗所占的比率较大，粗化晶粒有利于降低铁损，高牌号无取向硅钢的最佳晶粒尺寸在 150μm 左右。

（2）晶粒取向：电工钢组织由体心立方的 α-Fe 固溶体晶粒组成，由于磁晶各向异性，α-Fe 在 〈001〉 晶向最易磁化、〈110〉 晶向次之、〈111〉 晶向最差，因此，在电工钢中为了降低铁损提高磁感，希望有尽可能多的 〈001〉 方向平行于磁力线方向，形成晶粒取向的择优分布，即在钢板中形成织构。无取向硅钢要求磁各向同性，而 {100} 面有两个 〈001〉 易磁化方向，故希望形成 {100}〈0vw〉 面织构，使平行于钢板表面的任意方向都有较多的 〈001〉 晶向。

（3）内应力和外应力：钢中间隙原子及夹杂物的存在使晶体产生很大内应力、快速冷却产生热应力等都提高了矫顽力及铁损，对磁性不利。硅钢片在使用或测量时受的外应力对磁性有很大的影响，这与材料在磁化时的"磁致伸缩"效应有关。硅钢片的磁致伸缩系数为"正"号，加以拉应力，有利于磁性；相反，若加以压应力会降低磁性。

（4）非金属夹杂物：非金属夹杂物如 Al_2O_3、FeO、FeS 等都为非铁磁性，其存在会阻止晶粒长大、造成内应力、降低磁导率、增高矫顽力，所以对磁性能不利，对存在的夹杂物希望能集中成大块球状，以减小对磁性的影响。

（5）硅钢片厚度和表面状态：一般来说，随着硅钢片的减薄，涡流损失 P_e 明显降低，但矫顽力也增大，磁滞损失 P_h 增大。因此存在一个合适的临界厚度，使得铁损降到最低。高牌号无取向硅钢的临界厚度为 0.25 ~ 0.35mm。钢板表面平整光洁，表面自由磁极减少，静磁能降低，畴壁移动阻力减小，则矫顽力和磁滞损耗降低。

1.2.4 无取向电工钢的最新研究进展

过去无取向硅钢性能的提高主要通过增加硅含量、改善加工工艺、粗化晶粒来实现，这种方式降低铁损、提高磁感的幅度有限。近年来，无取向硅钢的研究主要围绕调整合金含量、提高钢质纯净化度、优化成品织构来进行。

在成分方面,一定范围内的 Mn 可以提高电阻率、改善织构[10]。P 可以提高冲片性能、改善织构,Tanakad 等人的研究表明,无取向硅钢中加入一定量的 P 可提高磁感[11]、降低铁损[12]。S 是有害元素,但当 $w(S) \leqslant 0.001\%$、终退温度为 975~1050℃时,硅钢片近表面组织内 AlN 颗粒的析出量增加,使铁损增加[13]。Ti 使再结晶晶粒尺寸减小,进而使磁感降低、铁损增加[14]。Zr 主要通过析出物的钉扎作用影响无取向硅钢的磁性能,当 Zr 含量为 0.01%~0.13% 时,Zr_3Fe 在晶内大量析出钉扎磁畴的运动,导致磁滞损耗的增加,但 Zr_3Fe 没有钉扎晶界,不会阻止晶粒长大,因此不影响无取向硅钢的磁感[15]。一定限制下的微量 Sn 可促进有利织构的生成,提高磁感、降低铁损[12]。

在热轧工艺方面,Schneider 和 Fischer[16]的研究表明:低牌号的无取向硅钢在 γ 区开轧、两相区终轧对提高硅钢片的磁性能有利;中等牌号硅钢热轧经历 γ、γ + α、α 区有利于提高钢板性能。Park 和 Szpunar[17]发现,Goss 及立方取向的再结晶晶粒一般主要在 {111}⟨112⟩ 变形晶粒内部的剪切带内形核及长大,{111} 取向的晶粒通常在变形晶粒的晶界附近形核[18]。冷变形前大晶粒不仅减少了晶界面积,还能形成更多的剪切带,使得终退后产品具有较强的 Goss 织构、立方织构及弱的 {111} 织构。这种再结晶织构的形成与滑移系的开动及位错塞积有关[17,18]。1.3% Si 的无取向硅钢采取较高的热轧卷取温度及热轧板常化温度时,会降低铁损提高磁感[19],但热轧板常化温度不可过高,否则会使 MnS、AlN 等固溶并在随后的冷却过程中弥散析出,抑制终退再结晶晶粒的长大,所以热轧板常化温度应低于 1000℃。

在冷轧工艺方面,Boer 和 Wieting 对 0.1% Si 无取向硅钢采用两次冷轧法(90% + 10%),则再结晶退火后得到了锋锐的接近 {100}⟨110⟩ 的织构[20]。对比发现,只采用一次冷轧后进行再结晶退火时,⟨111⟩//ND 的再结晶晶粒长入形变区域,成为主要的织构组分;而采用两次冷轧法时,二次冷轧后 ⟨111⟩//ND 的中间退火再结晶晶粒的储能较低,最终退火时不易再发生再结晶,因而长入变形区域的现象被抑制,最终被 {001}⟨210⟩ 取向的再结晶晶粒取代。

在终退工艺方面，诸多研究表明，最终退火的加热速度会影响无取向硅钢的晶粒长大及织构演化。Park 和 Szpunar 等发现，随着退火加热速度的提高，Goss 织构加强，{111} 织构减弱[21,22]。Goss 取向的再结晶晶粒在剪切带内形核，剪切带是变形组织中变形严重的区域，储存的能量高，在再结晶退火过程中就会优先形核。最终退火时加热速度快，再结晶之前回复释放的能量少，有利于 Goss 取向的再结晶晶粒形核。借助 EBSD 的观察发现，Goss 取向的再结晶晶粒与周围晶粒的取向差较小，晶界多为小角度晶界，迁移速度慢，而 {111} 取向的再结晶晶粒多为大角度晶界。所以在退火过程中，随着晶粒的长大，{111} 织构组分加强，有利织构减弱，使得磁感降低[23]。

另外，考虑到析出物的影响（钉扎晶界和磁畴），在炼钢时要净化钢质，在后续的制造过程中应该尽量使析出相粗化。热轧加工、热轧常化、最终退火温度应该低于 MnS、AlN 等的固溶温度，防止析出相的回溶，但温度不宜过低，太低的温度不利于析出相的粗化[19,24,25]。

1.2.5 高效电机用无取向硅钢

电动机的主要损耗有定子铜耗、转子铝耗、铁耗、机械损耗和杂散损耗五类[26]，要提高电机效率必须降低这五类损耗。研究表明，随着电机功率的减小，铁芯损耗所占总损耗的比例下降，而定子铜耗所占的比例增加[27]，对于小功率的电机，应优先采用导磁性能好的电工钢片作为定子铁芯，这样可以大大降低激磁电流，明显地改善铁耗和定子铜耗[28]。基于上述原因，中小型电机用无取向硅钢的选取，单一地追求高牌号不仅增加成本，而且提高功率的作用有限。而使用低牌号无取向电工钢，磁感虽有所提高，但是铁损太高，对提高功率的作用也不大。高效电机用钢的出现，解决或缓解了中低牌号无取向电工钢存在的铁损和磁感相互矛盾的问题，它与传统产品相比，相同铁损下磁感更高，相同磁感下铁损较低。表 1-4 所示为普通无取向电工钢与高效电机用钢主要参数的对比。高效电机用钢的使用可以有效提高电机效率，降低能源损耗，并可缩小铁芯截面积，满足了电器产品高效率、小型化的要求。

表1-4 高效电机用钢与普通无取向电工钢主要参数的对比

项 目	牌 号	铁损 $P_{15/50}$/W·kg^{-1}	磁感 B_{50}/T
普通低牌号	50W1300	13.0	1.69
	50W1000	10.0	1.69
	50W800	8.0	1.68
普通高牌号	35W270	2.7	1.60
	35W250	2.5	1.60
	35W230	2.3	1.60
高效电机用钢	JFE BF-2	4.7	1.77
	武钢 50A-SUS	5.3	1.73
	住友 SX30H	5.73	1.76

20 世纪 80 年代以来，日本的新日铁、川崎、NKK、住友和德国 EBG 等公司都先后推出了高效电机用无取向电工钢系列产品[29]。各公司为达到性能要求所采用的方式有所不同：新日铁主要在纯净钢质的基础上降低 Si 含量提高 Mn 含量[30]；JFE 主要是调整 Si、Al 成分、降低夹杂物含量和控制冷轧前织构[31]；住友主要是加入特殊元素、控制成品织构和减薄产品厚度[32]；川崎则是添加 Al 和稀土元素、控制夹杂物大小及分布[33,34]。

高效电机用钢制造工艺制定的目标是以改善晶体织构、使晶粒快速长大到合适晶粒尺寸为原则，其制造工艺具有以下几个特点[29]：

（1）低温加热。其目的是减少 MnS 和 AlN 等第二相粒子的固溶及其在热轧之后的弥散析出，从而减小晶粒长大阻力。一般加热温度不高于 1150℃，最好为 1100℃。

（2）热轧板常化或预退火处理。热轧板常化和预退火的主要目的是改善成品的晶粒组织和织构。对低硅无取向电工钢研究的结果表明，冷轧前晶粒组织的粗大化将使冷轧板经最终退火后 {111} 织构组分减弱，对磁性有利的 {110} 织构组分增强，同时析出物粗化使晶粒更容易长大，从而使磁感和铁损得到了改善。

（3）采用平整或第二次临界压下冷轧。无涂层半工艺型电工钢最终退火后要经过平整或采用临界压下率轧制，这对冲剪的铁芯片进一步退火时晶粒粗大化、降低铁损十分有效。

1.3 取向硅钢

冷轧取向硅钢是通过形变和再结晶退火产生晶粒择优取向的硅铁合金，硅含量约3%，成品碳含量很低，多以冷轧板或带材交货，公称厚度为0.15mm、0.20mm、0.27mm、0.30mm和0.35mm，主要用于制造各种变压器、日光灯镇流器和汽轮发电机定子铁芯[1]。

1.3.1 取向硅钢的分类

晶粒取向硅钢分为普通取向硅钢（CGO 钢）和高磁感取向硅钢（Hi-B钢）两类。CGO 钢平均位向偏离角约为7°，晶粒直径为3～5mm，磁感 B_8 约为1.82T。Hi-B 钢偏离角约为3°，晶粒直径为10～20mm，B_8 约为1.92T。因为 Hi-B 钢取向度和 B_8 高，所以铁损至少降低15%，磁致伸缩系数比 CGO 钢也明显降低，制成的变压器铁损降低10%～15%，激磁电流降低40%～50%，噪声下降4～7dB。它们所采用的抑制剂及工艺特点如表1-5所示[1]。

表1-5 取向硅钢的抑制剂及工艺特点

项 目	普通取向硅钢（CGO 钢）	高磁感取向硅钢（Hi-B 钢）		
		A 方案	B 方案	C 方案
抑制剂	MnS（或 MnSe）	AlN + MnS	MnSe + Sb	N + B + S
铸坯加热温度/℃	1350～1370	1380～1400	1350～1370	1250
常化温度/℃	不常化或900～950	1100～1150	900～950	900～1025
第一次冷轧压下率/%	70	85～87	60～70	85～87
中间退火温度/℃	850～950	—	850～950	—
第二次冷轧压下率/%	50～55	—	60～70	—
脱碳退火温度/℃	800～850（在湿 H_2 + N_2 中）			
高温退火温度/℃	1180～1200	1180～1200	(820～900)×50h + (1180～1200)	1180～1200

1.3.2 取向硅钢的影响因素

取向硅钢的磁性能主要包括铁损和磁感，其中影响磁感的因素主要是晶粒的取向。由于磁晶各向异性，电工钢在〈001〉晶向最易磁化、〈110〉晶向次之、〈111〉晶向最差，因此，为了提高磁感，希望有尽可能多的〈001〉

方向平行于磁力线方向，形成晶粒取向的择优分布。在实际生产中取向硅钢的磁感应强度主要是与 Goss 晶粒的锋锐程度有关，即 $\{110\}\langle001\rangle$ 与轧向的平均偏离角 $(\alpha+\beta)/2$ 越小越好（α 为 [001] 晶向对轧向在轧面上的偏离角，β 为 [001] 晶向对轧面上的倾角）。

影响铁损的因素比较复杂。电工钢的铁损由三部分组成，主要是磁滞损耗、涡流损耗和反常损耗。影响三者的因素各不相同，甚至出现完全相反的情况。比如晶粒尺寸和钢板厚度的影响，一方面晶界处点阵畸变、晶粒缺陷多、内应力大，阻碍了畴壁的移动，晶粒越大，晶界面积越小，磁滞损耗和矫顽力降低。另一方面，晶粒尺寸越大，磁畴尺寸增大，涡流损耗和考虑磁畴结构的反常涡流损耗增加；一般来说，随着硅钢片的减薄，涡流损失明显降低，但矫顽力也增大，磁滞损耗增大。因此存在一个合适的临界厚度，使得铁损降到最低[1]。

另外也有一些因素对铁损的影响比较直观，比如钢中的应力与非金属夹杂物。非金属夹杂物如 Al_2O_3、FeO、FeS 等均无磁性，其存在阻止晶粒长大、造成内应力、降低磁导率、增高矫顽力，因此应尽量减少或者集中成大块球状，来减少其不利影响。钢板表面平整光洁，表面自由磁极减少，静磁能降低，畴壁移动阻力减小，则矫顽力和磁滞损耗降低[1]。

1.3.3　取向硅钢的发展方向

未来晶粒取向电工钢的生产向工艺紧凑化（薄坯连铸技术、薄带连铸）、板坯加热低温化、工序过程缩短化（二次再结晶采用连续退火工艺）的方向发展[35]。

薄带铸轧技术是直接将钢水浇铸到旋转的轧辊之间，铸轧成 2～3mm 厚的热轧卷，由于省略了热轧，显著缩短了工艺流程。在这种工艺中，时间和温度的关系是最关键的因素，因为抑制剂必须在约 1min 的时间内从结晶器出口到卷取机这一段析出，通过控制冷却速度和在线形变，可以获得均匀的抑制剂。为了稳定和改善抑制剂的状态，还必须进行常化处理。为了获得钢带更好的延展性和良好的冷加工性能，可以对钢带进行在线热处理。在带钢外形、厚度公差和表面缺陷等方面还有待于深入开发和研究[36]。

为了克服高温铸坯加热技术带来的弊端，在生产中常以固溶温度较低的

AlN、Cu_2S 来取代高温抑制剂 MnS 实现低温加热。目前，工业上采用的低温铸坯加热工艺主要有两种[37]：

（1）后期渗氮工艺：主要用于生产 Hi-B 钢。在炼钢时只添加微量铝元素，硫的质量分数控制在 0.007% 以内，在脱碳退火后进行渗氮处理。该工艺主要特点为在脱碳退火后钢带需经 $750℃ \times 30s$ 的渗氮处理，高温退火升温过程中形成（Al·Si）N 质点，来弥补热轧时抑制剂析出不足的缺点。该工艺可将铸坯加热温度降低至 $1150 \sim 1200℃$，是目前取向硅钢工业生产中铸坯加热采用的最低温度。

（2）Cu_2S 先天抑制剂工艺：生产 CGO 钢时，以 Cu_2S 作为主要抑制剂；生产 Hi-B 钢时，以 $Cu_2S + AlN$ 作为抑制剂。Cu_2S 经 $1250 \sim 1300℃$ 加热实现完全固溶。热轧过程中析出的细小弥散 Cu_2S 质点起到抑制剂作用。热轧板经常化处理析出细小 AlN 质点。在脱碳退火后常采用渗氮处理，进一步加强抑制能力。该项技术可将铸坯加热温度降低至 $1250 \sim 1300℃$。

用连续退火炉取代罩式退火炉完成二次再结晶和净化钢中的抑制剂已经成为生产高端取向电工钢的重要方法，大大缩短了退火时间。高温连续退火不仅产量高，而且可以节能 20% 以上。连续退火机组向高速化和多功能化方向发展[36]。

目前取向硅钢的产品主要向低铁损、高磁感、薄规格这几个方面发展。

（1）超低铁损取向硅钢。细化磁畴、沉积张力涂层、减薄带钢厚度是降低铁损的有效途径。磁畴细化技术可以使取向硅钢铁损降低 10% ~ 20%，比如，日本新日铁公司采用激光照射技术使 Hi-B 钢铁损降低 15% 左右[36]。在欧洲和美国的专利中也报道了通过局部热变形或轧辊形成沟槽的磁畴细化方法[38]。沉积张力涂层的机制是硅钢片经过高温退火处理后，由于涂层与硅钢片的线膨胀系数差别较大，在冷却时两者收缩率不同，涂层收缩相对较小而使硅钢片基体受到一定的拉力，从而可降低硅钢片单位质量铁损，可以使硅钢铁损降低 40%[39]。铁损最低的临界厚度为 0.127mm，目前工业生产还未能达到，因此进一步减薄厚度可以降低铁损。

（2）高磁感取向硅钢。采用加 Bi、三次再结晶或高温梯度退火工艺，均可生产超高磁感取向硅钢（$B_8 > 1.95 \sim 2.0T$）。用硅氧化物脱碳法能够制取具有 $\{100\}\langle001\rangle$ 立方织构的双取向硅钢片，不仅具有高的磁感，而且在轧向和横向均具有显著低的铁损和磁致伸缩（纵横向 B_8 可达 1.85 ~ 1.90T，P_{17} 小于 1.02W/kg）[36,40]。

1.4 双辊薄带连铸技术

双辊薄带铸轧工艺（twin roll casting，TRC）不同于传统薄带的生产方法，省略了连铸、加热和热轧等生产工序，以转动的两个铸辊作为结晶器，将钢水直接注入铸轧辊和侧封板形成的熔池内，由液态钢水直接生产出 1 ~ 6mm 厚的薄带钢[41]，其工艺过程如图 1-1 所示。

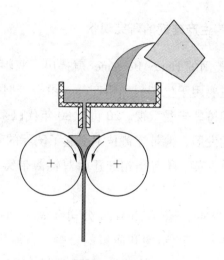

图 1-1 双辊薄带铸轧示意图

TRC 的特点是金属凝固与轧制变形同时进行，液态金属在结晶凝固的同时承受压力加工和塑性变形，在很短的时间内完成从液态金属到固态薄带的全部过程[42,43]，其优势主要体现在：

（1）取消了板坯加热和热轧等相关工序，缩短了工艺流程，生产线由几百米缩短到几十米，大大地减少了建设投资成本（约70%）；

（2）省去了轧件由厚变薄所需的热能、电能、轧辊和水等消耗，每吨钢可节能源多达 800kJ，大大减少了生产成本；

（3）冷却速度可达 10^2 ~ 10^4℃/s，可细化晶粒，减少宏观偏析，改善产品的组织结构，生产传统方法难以生产的、加工性能不好的金属制品，如高速钢、高硅钢薄带等，这一优势可在开发高强度、长寿命薄带产品中得到

体现;

(4) 增加生产的灵活性,适于产量小、规模小的中小型钢铁企业,与直接还原等新流程匹配,形成符合钢铁循环经济、环境友好和可持续发展的新流程。

双辊铸轧工艺也有其不可避免的劣势和缺陷,比如工艺浇铸速度低导致成品率较低;不能适用所有的合金种类;产品性能不稳定;工业化难度比较大等。不过铸轧工艺因能耗低、环保和急冷凝固力学性能好等优点,还是受到了越来越多的关注。

1.4.1 双辊薄带连铸生产硅钢的研究现状

早在1846年,英国的 Henry Bessemer 就提出了双辊铸轧薄带钢的想法并申请了专利,最初主要用于生产锡和铅产品。由于当时技术的限制以及钢带铸轧的复杂性,双辊铸轧未受重视。20世纪80年代以来,由于能源危机的加剧和快速凝固技术的发展,薄带连铸技术引起了国际的高度重视和广泛关注,日、德、俄、法、意、英、美等国相继开始双辊薄带铸轧生产无取向硅钢方面的研究开发工作。

20世纪90年代初期,德国 Thyseen 公司和 Max Planck 钢铁研究所[43]研究了铸轧参数对铸带的组织结构和质量的影响,试验钢含硅 2.0%、3.2%、5.0%、6.0%,出带厚度 0.3~3.0mm,结果表明,通过调整浇铸条件可获得具有良好冷加工性能的硅钢薄带。1991年 Thyseen 公司与法国 IRSID 合作,建成了一条双辊硅钢薄带铸轧实验生产线,能够生产 2mm × 865mm 的硅钢薄带。1996年以来 Thyssen 公司和法国 Usinor·Sacilor 公司联合开发了 Myosotis 项目,已能整炉地浇铸出可进行冷轧的硅含量为 2%~3% 的无取向电工钢带。

20世纪80年代中期,日本川崎制铁公司开始研究高硅钢薄带的双辊连铸工艺并开发与之相应的设备,直接铸轧出了 0.2~0.6mm × 500mm 的高硅钢(4.5%~6.5% Si)薄带,铸带卷重达 500kg。研究中发现,连铸高硅钢薄带的组织属微晶组织,其磁性介于非晶合金和现有硅钢片之间,铁损比现有冷轧硅钢低 15%~20%,且带钢纵横向铁损比值约为 1.06,几乎完全是各向同性的[43~45]。

1985 年，前苏联的冶金机械科学研究所和黑色冶金科学研究所采用 AMKL150 双辊铸机生产了 0. 16 ~ 0. 22mm × 60 ~ 80mm、含硅 3. 0% ~ 6. 0% 的电工钢产品，产品表面质量较好，厚度差小。通过检测发现，铸轧电工钢表面及中心均具有明显的立方织构 (100)[uvw]，经轧制及热处理后，有利织构含量增加。

中国东北大学早在 1958 ~ 1960 年就曾用异径双辊铸轧机（ϕ160/220mm × 260mm） 试轧出了 1. 5 ~ 2. 5mm × 260mm 的硅钢薄带，实验钢种含硅 3% ~ 4. 5% 、1% ~ 2. 5% 。1991 年，利用 250kg 有衬电渣炉重熔 1. 8% Si 的硅钢，在 f250/500 × 210 异径双辊铸轧机上铸轧出 2. 1mm × 210mm 的钢带[46]。近年来，东北大学轧制技术及连轧自动化国家重点实验室开发出了 ϕ450mm × 254mm 双辊铸轧机，配备有全面的工艺参数检测系统和控制系统，用于高速钢、不锈钢、硅钢和普碳钢薄带的研究。

此外，重庆大学[43,47] 冶炼和铸造了硅含量为 0. 5% 、1. 0% 、3. 0% 、5. 0% 和 6. 5% 的硅钢薄带坯，研究结果表明，含 3. 0% Si 的硅钢铸带基体组织为单相 α-Fe 和少量无序 Fe_3Si 析出相，晶界处存在硅原子的偏聚，晶内位错缠集，呈网状分布。铸带坯经适当的冷轧和热处理后，无序的 Fe_3Si 转化为有序的 Fe_3Si，且电磁性能可以达到常规方法生产的硅钢性能要求。

1.4.2 双辊薄带连铸生产高效电机用钢的优势

高效电机用钢的常规生产流程工序长、设备投资大、生产难度大、生产成本高，而双辊铸轧可以大大降低建设投资和生产成本，并且因其亚快速成型和近终成型的特点，在组织和织构的控制上具有独特的优势，不需采用其他特殊方式便可生产高效电机用钢。

单晶体生长速度具有各向异性，Si-Fe 合金的快速生长方向为 〈001〉轴[48]。因此，钢水凝固时迅速生长的是 〈001〉 轴垂直于轧制平面，即 (100) 面平行于轧制平面的晶粒。这种 {100}〈0vw〉 取向的晶粒在轧制平面上不仅有两个易磁化轴 〈001〉 方向，而且不存在难磁化轴 〈111〉 方向，易磁化轴 〈100〉 在轧制平面上呈不规则的排列，是无取向硅钢的最佳织构类型。双辊薄带连铸工艺由于冷却速度很快，凝固时首先迅速生长的即是 {100}〈0vw〉 位向的柱状晶。利用这一特点双辊铸轧生产无取向硅钢，可以

使成品中的 {100} 组分增加，从而提高磁感。

另外，双辊铸轧的成型特点决定了铸带组织比传统热轧组织的晶粒更加粗大、均匀，其晶粒尺寸相当于传统热轧后经过常化处理的冷轧坯料，有利于减少热轧过程中形成的 γ 织构的遗传作用，同时可增加 η 组分，提高磁性能。

综上所述，双辊薄带连铸生产高效电机用钢具有独特的优势，通过合理控制过热度、铸轧、二次冷却工艺，从而获得晶粒尺寸合适和有利织构较强的薄带坯，通过后续冷轧及热处理工艺，可以获得具有良好磁性能的高效电机用钢[44,45]。

1.4.3 双辊薄带连铸生产取向硅钢的优势

取向硅钢的传统生产流程为：冶炼→连铸→高温加热→热轧→(常化处理)→酸洗→冷轧→(中间退火)→(二次冷轧)→脱碳退火→涂 MgO 隔离层→高温退火→拉伸平整退火→涂绝缘层→(激光处理)→剪切、包装。取向硅钢的生产工艺和设备复杂，制造工序多，成分控制严格，影响性能的因素多，因此，被称为"钢铁工业的艺术品"。如何简化取向硅钢生产工艺，降低生产成本，成为冶金工作者追求的目标。与传统厚板坯连铸和薄板坯连铸工艺相比，由于薄带连铸工艺具有流程短、单位投资低、能耗低、劳动生产率高等特点，取向硅钢被认为是薄带连铸工艺中最具有发展前途的钢种之一。

传统的取向硅钢制造流程设计和工艺参数调控的目标是在高温退火过程中通过二次再结晶过程形成强高斯织构，其核心是抑制剂控制技术。为了获得具有合适数量和尺寸的细小、弥散分布的抑制剂粒子，通常需要在炼钢时加入抑制剂形成元素。为了保证获得稳定的高磁感，必须在热轧前对铸坯进行高温（1350～1400℃）加热固溶处理，以使连铸后缓冷过程中变粗的硫化物和氮化物重新固溶。在热轧或热带退火阶段，又希望硫化物和氮化物以弥散状态析出，这些析出物必须保持至冷轧后二次再结晶开始。即使在罩式炉退火过程中，也必须避免抑制剂因过早粗化而导致抑制作用降低。但是，在1400℃左右的高温加热板坯会产生许多问题，如氧化铁皮多、烧损大、成材率低；修炉频率高、产量降低；燃料消耗多、炉子寿命短、制造成本高、产品表面缺陷增多等[37]。而薄带连铸技术具有亚快速凝固特性，借助其较快的冷却速率，可以获得较之常规连铸坯更加均质、细晶的取向硅钢铸带坯，并使抑制剂形成元素最大程度地处于固溶状态，无需再经过高温加热工序，这为后续处理过程中抑制剂的调控提供了极大便利。可见，与目前传统厚板坯和薄板坯连铸工艺相比，薄带连铸工艺流程在生产取向硅钢上具有无可比拟的优越性，因而具有广阔的推广应用前景。

1.5 本书的研究背景与内容

传统硅钢流程生产工艺复杂，制造难度大，技术严格苛刻，具有高度的保密性和垄断性。以传统的厚板坯连铸-常规热轧过程为例，由于厚板坯连铸参数可控性差，导致凝固组织粗大、分布不均匀，对析出物或抑制剂缺乏有效的调控手段。为破坏有害的铸造组织，需要经过 9～10 个机架组成的热连轧机，总压缩比高达 100 左右，这不仅导致生产线流程冗长、能耗高、稳定性差等问题影响生产效率，而且使硅钢组织、织构和磁性能的控制面临一系列非常棘手，甚至难以克服的工艺"瓶颈"限制。对于无取向硅钢（NGO）而言，大压缩比、多道次热轧过程中会出现大量不利于降低铁损的有害析出物和不利于提高磁感的 γ 织构组分；而在取向硅钢（GO）中，由于抑制剂在连铸过程被提前消耗，必须采用铸坯高温加热或低温加热-后渗氮工艺。铸坯高温加热温度接近 1400℃，大幅度降低成材率；而低温加热技术在后续热处理过程中进行渗氮处理以补偿抑制剂，技术难度大，工艺复杂。另外，热轧过程会导致 AlN、MnS 等抑制剂提前析出并粗化，影响对初次再结晶晶粒的钉扎效果，从而造成二次再结晶不充分，严重损害材料的磁性能。

双辊薄带连铸技术（twin roll strip casting, TRSC）是连铸领域最具潜力的一项新技术，是当今世界上薄带钢生产的前沿技术，是世界各大钢铁企业纷纷投入巨资竞相开发的一种短流程、低能耗、投资省、成本低和绿色环保的新工艺。双辊薄带连铸工艺不同于传统薄带的生产方法，可以省去加热、热轧等生产工序，以转动的两个铸辊作为结晶器，将钢水直接注入铸轧辊和侧封板形成的熔池内，液态钢水在短时间（亚）快速凝固并承受塑性变形而直接生产出 1～6mm 厚的薄带钢。与传统厚板坯热轧流程相比，薄带连铸技术不仅具有流程紧凑、工序缩短、节省能源、降低投资等短流程优势，而且在微观组织和织构控制上也具有独特的优越性。

本研究报告重点聚焦高效电机用钢、超低碳取向硅钢以及中温加热取向硅钢等内容，主要研究薄带连铸等短流程过程电工钢微观组织、织构和析出物演变的冶金学原理、影响因素和控制方法，实现超短流程制备高品质硅钢成分和工艺的精确设计。具体包括：

（1）薄带连铸无取向硅钢（包括高效电机用钢）典型组织、织构及磁性能，以及不同过热度、二次冷却方式等铸轧工艺参数对无取向硅钢磁性能的影响（第2、3章）。

（2）中温铸坯加热制备取向硅钢的组织、织构及抑制剂的演变，以及不同冷轧工艺对磁性能的影响（第4、5章）。

（3）薄带连铸超低碳取向硅钢组织、织构及抑制剂的演变（第6章）。

2 薄带连铸无取向硅钢典型组织、织构和磁性能

2.1 引言

硅钢作为软磁材料最主要的性能要求是低铁损、高磁感，需要有适合的再结晶晶粒尺寸和良好的织构组分。

双辊薄带连铸工艺（twin roll strip casting，TRSC）不同于传统薄带的生产方法，省去了加热、热轧等生产工序，以转动的两个铸辊作为结晶器，将钢水直接注入铸轧辊和侧封板形成的熔池内，液态钢水在短时间（亚）快速凝固并承受塑性变形而直接生产出 1~6mm 厚的薄带钢。Si-Fe 合金的快速生长方向为 ⟨001⟩ 轴。因此，钢水凝固时迅速生长的是 ⟨001⟩ 轴垂直于轧制平面，即（100）面平行于轧制平面的晶粒。这种 {100}⟨0vw⟩ 取向的晶粒在轧制平面上不仅有两个易磁化轴 ⟨001⟩ 方向，而且不存在难磁化轴 ⟨111⟩ 方向，易磁化轴 ⟨100⟩ 在轧制平面上呈不规则的排列，是无取向硅钢的最佳织构类型。双辊薄带连铸工艺由于冷却速度很快，凝固时首先迅速生长的即是 {100}⟨0vw⟩ 位向的柱状晶。利用这一特点双辊铸轧生产无取向硅钢，可以使成品中的 {100} 组分增加，从而提高磁感。

另外，双辊铸轧的成型特点决定了铸带组织比传统热轧组织的晶粒更加粗大、均匀，其晶粒尺寸相当于传统热轧后经过常化处理的冷轧坯料，有利于减少热轧过程中形成的 γ 织构的遗传作用，同时可增加 η 组分，提高磁性能。

2.2 实验材料和方法

2.2.1 实验钢成分和铸轧工艺

工业生产中，通常通过控制（Si + Al）的含量，特别是 Si 的含量来降低

铁损，从而得到所需的性能。表 2-1 所示为铸轧典型牌号无取向硅钢的化学成分设计[49]，Si 含量的范围为 0.8% ~ 3.1%，Al、Mn、P 含量的差别不大，C、S、N、O、Ti、Zr 等有害元素保持在很低水平。

表 2-1　铸轧无取向硅钢产品的成分（质量分数）　　　　　（%）

牌号	C	Si	Mn	P	S	Al$_s$	N	O
高牌号	< 0.003	2.4 ~ 3.1	0.15 ~ 0.25	< 0.015	< 0.001	0.4 ~ 0.9	< 0.004	< 0.003
中牌号	< 0.004	1.1 ~ 1.5	0.25 ~ 0.45	< 0.04	< 0.004	0.3 ~ 0.5	< 0.004	
低牌号	< 0.005	0.6 ~ 1.0	0.35 ~ 0.45	< 0.04	< 0.005	0.2 ~ 0.4	< 0.004	

铸轧无取向电工钢成分为：$w(C) < 0.004\%$、$w(Si) = 1.1\% \sim 1.3\%$、$w(Mn) = 0.2\% \sim 0.3\%$、$w(Al_s) = 0.25\% \sim 0.35\%$，并限制 $w(O) \leqslant 0.004\%$、$w(S) \leqslant 0.003\%$、$w(N) \leqslant 0.004\%$；通过 Thermo-Calc 软件计算 AlN 的开始析出温度不低于 1420℃，MnS 析出温度不高于 1280℃。

薄带连铸工艺：钢水经预热过的中间包进入旋转的钢辊中间快速凝固并成型，浇铸温度为 1540 ~ 1620℃，出带温度不低于 1380℃，铸速控制在 50 ~ 70m/min，铸带厚度为 2.2 ~ 2.6mm。铸后在 1260 ~ 1280℃快速冷却，抑制 MnS 析出。铸轧流程如图 2-1 所示，钢水过热度设定为 20℃、30℃、50℃ 和 70℃。

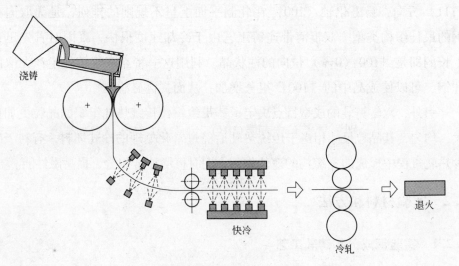

浇铸

快冷

冷轧

退火

图 2-1　铸轧流程示意图

2.2.2 样品检测

金相试样是从实验钢板上切取的 12mm × 8mm 样品，观察纵截面。铸带厚度为 2.5mm 左右，冷轧态和退火态试样厚度为 0.5mm，进行热镶嵌。本实验中采用树脂镶嵌粉在 Simplimet3000 型镶嵌机上进行镶嵌，镶嵌机工作温度为 150℃，工作压力为 290MPa。试样镶好后，依次用 100～1500 的砂纸磨平，然后进行抛光，以抛掉砂纸磨平带来的划痕。抛光时使用粒度为 W2.5 的人造金刚石研磨膏。抛掉划痕后需进行水抛，以去除抛掉的粒子和研磨膏残留。抛光后的试样用 4% 的溶液（4% HNO_3 + 96% C_2H_5OH）腐蚀 40～80s，放到光学显微镜下进行金相观察。

微观取向检测：取 12mm × 8mm 的试样，可用试样夹将多个试样夹在一起，依次经过 100～1500 砂纸磨平，然后进行电解抛光。本实验所采用的电解液成分配比为 550mL C_2H_5OH + 50mL $HClO_4$ + 5mL H_2O，抛光电压经过摸索设定为 24V，抛光时间 20s，工作电流为 0.4～0.8A。试样抛光完成后，用导电胶顺次粘结，粘结过程中注意保证所观察的各面在一个平面上。试样制备完成后，用 FEI Quanta 600 扫描电镜上的 OIM4000 EBSD 系统对试样进行分析。分别使用 TSL OIM Data Collection 4.6 和 TSL OIM Data Analysis 4.6 进行衍射花样自动采集和数据分析。

宏观取向检测：切取 20mm × 22mm 的试样，依次经过 100～1500 砂纸磨平后，用 20% 的稀盐酸（20% HCl + 80% H_2O）进行去应力腐蚀，以去除试样表面的变形层。试样制备完成后，在 Philip PW3040/60 型 X 射线衍射仪上进行检测，采用 $CoK\alpha$ 辐射，通过测量样品的 {110}、{200} 和 {112} 三个不完整极图来计算取向分布函数（ODF），L_{max} = 22。本实验中，以 "H" 表示试样厚度，分别测量了试样表层($0H$)、1/4 层($1/4H$) 和 1/2 层($1/2H$) 的取向分布。

2.3 不同二次冷却条件铸带组织和织构特征

本实验中主要采用两炉成分接近且后处理工艺不同的铸带进行实验。对应炉号和成分见表 2-2，各元素均在控制范围以内，合金元素投放命中率很高。

表 2-2　实验无取向硅钢的检测成分（质量分数）　　　（%）

炉号	C	Si	Mn	P	S	Al$_s$	N	Ti	Zr	冷却方式
W11-22	0.0034	1.31	0.32	0.0078	0.0053	0.25	0.0045	<0.005	<0.0005	缓冷
W11-7	0.0038	1.18	0.38	0.0066	0.0044	0.22	0.0045	<0.005	<0.0005	空冷

2.3.1　铸带宏观分析

通过铸轧实验得到了两条比较完整的铸带，成分和二次冷却方式见表2-2，铸带厚度为 2.6mm ± 0.2mm，边部比中心厚 0.1 ~ 0.2mm。铸带表面质量整体较好，但也有部分区域出现微裂纹，其中缓冷冷却方式的铸带表面质量较好。不同二次冷却方式的铸带表面如图2-2所示。

a　　　　　　　　　　　　　　　　b

图 2-2　实验钢铸带表面

a—缓冷 W10-22；b—空冷 W11-7

试验发现 1.2% ~ 1.3% Si 这个成分的铸带不易形成表面裂纹，但硅含量提高时，虽然浇铸温度控制较宽，但铸带裂纹敏感性高，容易产生裂纹。而且可以通过调整铸轧后冷却方式来提高铸带的表面质量，减少裂纹。

加入 Si 对于铸带坯在二次冷却过程中存在两个方面的影响，一是铸带坯的组织，二是铸带坯的裂纹敏感性。所以为了研究不同二次冷却制度对铸态组织的影响，采用空冷和石棉保温缓冷两种二次冷却方式。结果表明，缓冷铸带表面裂纹相对减小，二次冷却采取空冷的条件下，表面裂纹会在整体板形不均匀的地方出现。这是因为二次冷却过程中热应力是铸带坯产生裂纹的主要原因之一，热应力的大小与铸带内的温度梯度有关。加入 Si 后，电工钢的热导率急剧下降，冷速过快会导致铸带坯内外温差大，产生较大的热应力，

1.2% Si 的电工钢热导率是 0.33J/(cm·s·℃)，所以缓冷可以减小铸带坯内外温差，使得缓冷铸带表面裂纹减少。

2.3.2　微观组织分析

实验结果表明，铸轧工艺参数和二次冷却制度对铸带显微组织也有很大的影响，不同成分和二次冷却制度铸带的显微组织如图 2-3 所示。对 W10-22 铸带出轧辊后采取盖石棉缓冷，从 1100℃ 开始保温 20min 处理，以改善铸带组织均匀性，从而提高铸带的冷加工性能。

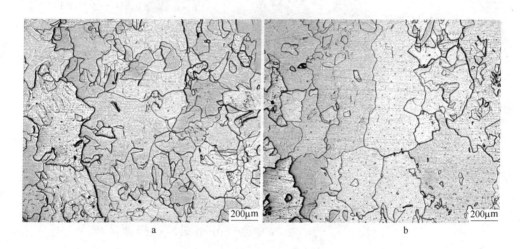

图 2-3　铸带的显微组织

a—空冷；b—缓冷

从图 2-3 可以看出，不同成分和二次冷却制度对无取向硅钢铸带显微组织有很大的影响，空冷铸带平均晶粒尺寸为 260μm；而相同成分缓冷的铸带显微组织平均晶粒尺寸较大，达到 320μm，这是因为在铸轧过程很小压下的条件下，缓冷过程的铸带发生了较充分的回复而导致的。1.2% Si 铸带的显微组织明显呈非规则的等轴晶，粗大的晶粒内部分布着很多细小的再结晶晶粒，这是因为该成分的铸带在二次冷却的过程中可能发生相变，所以导致其形成晶界形状不规则的细小等轴晶。

2.3.3　微观取向分析

图 2-4 给出了空冷条件下铸坯全厚度方向的晶粒微观取向分布图，晶粒

取向随机，没有形成很强的织构梯度，且 〈001〉//RD 取向的晶粒所占比例很少。

图 2-4 空冷铸带晶体取向图

图 2-5 给出了空冷铸带的晶粒尺寸范围分布图，在扫面区域内，最大晶

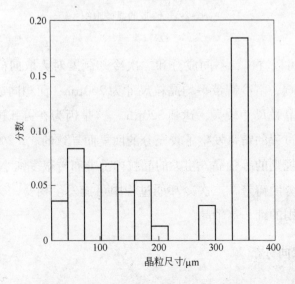

图 2-5 空冷铸带晶粒尺寸

粒尺寸达到了410μm，最小尺寸为小于20μm，平均晶粒尺寸为260μm。可见晶粒范围较大，组织均匀性一般，需要进行常化来提高组织均匀性。

2.3.4 宏观织构分析

图2-6和图2-7是铸带的$\varphi_2 = 0°$和$\varphi_2 = 45°$截面图。从截面图可以看出，织构分布漫散，取向密度较低，有少量的η和γ织构。图2-8为铸带α、η和

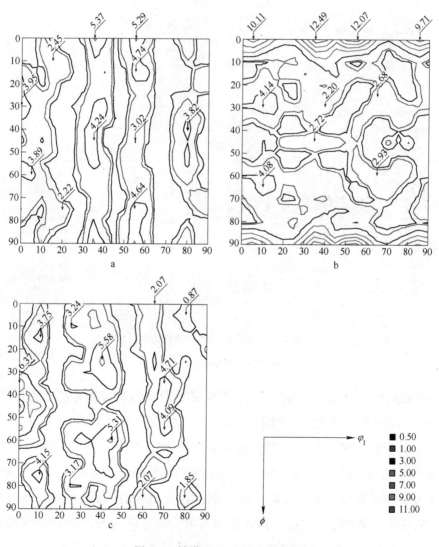

图2-6　铸带$\varphi_2 = 0°$ ODF 截面图

a—0H；b—1/4H；c—1/2H

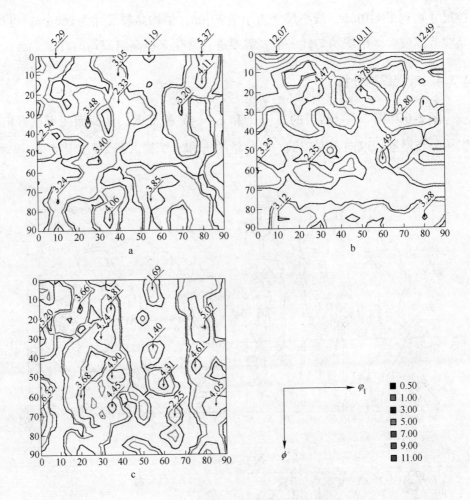

图 2-7　铸带 $\varphi_2 = 45°$ ODF 截面图

a—0H；b—1/4H；c—1/2H

γ 特征取向线，可以看出各取向线上织构的变化没有形成明显的变化趋势，α 特征取向线上取向密度在 {001}⟨110⟩ 形成强点，最大值 $f(g) = 8$。在 1/2 层和 1/4 层取向密度相对较低，但是 1/2 层取向密度大于 1/4 层取向密度，在 $\phi = 35°$ 和 $\phi = 70°$ 形成极大值。从 η 特征取向线中可以看出，中心层取向密度变化的幅度很大，在 {112}⟨111⟩ 取向达到最大值 $f(g) = 6.5$，在表层和 1/4 层变化比较平稳，二者取向密度呈互补分布。从 γ 特征取向线中可以看出，从 {111}⟨110⟩ 到 {111}⟨112⟩ 表层基本上呈上升趋势，在 {111}⟨112⟩ 织构处达到最大值 3.3；1/4 层变化幅度很小，中心层变化幅度最大，

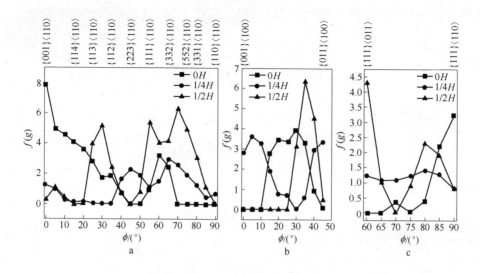

图 2-8 铸带特征取向线

a—α；b—η；c—γ

取向密度最大值达到 4.3，最小值达到 0.5 左右。

2.4 过热度对组织、织构和磁性能的影响

前面阐述了相同过热度条件下，不同二次冷却方式对铸带组织、织构的影响规律，结果表明通过合理控制二次冷却过程可以最大程度上保留粗大而且均匀铸态组织。这一节将讨论在二次冷却方式相同条件下，浇铸温度、过热度等对于铸带组织、织构的综合影响。

2.4.1 过热度对铸带组织和织构的影响

过热度控制铸带凝固组织是十分有效的手段。通过浇铸温度来控制过热度对铸带凝固组织和晶粒取向的影响非常明显，如图 2-9 所示。

过热度对铸带组织的影响体现在两个方面：一方面，过热度提高，铸带晶粒尺寸明显增加；另一方面，随着过热度的增加，晶粒取向发生明显的变化。

随着过热度从 20℃ 提高到 60℃，铸带平均晶粒尺寸由 110μm 提高到 380μm，在 20℃ 过热度条件下，铸带组织为接近等轴的多边形铁素体组织，几乎没有粗大晶粒出现，晶粒竞争长大现象明显，这是由于在这一条件下，钢水凝固过程中过冷度较大，形核数量较大，如图 2-9a 所示。当过热度高于

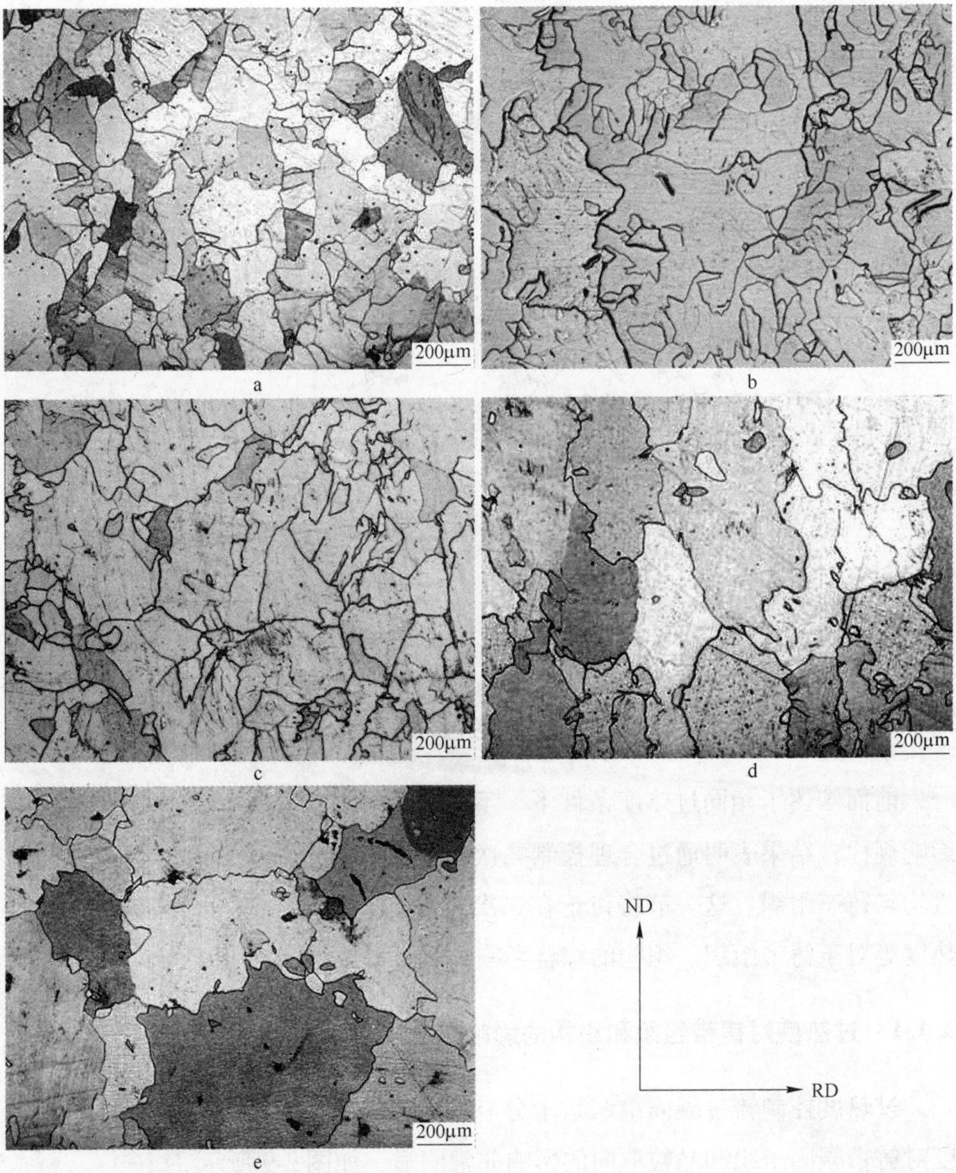

图 2-9　不同过热度条件下铸带组织

a—20℃；b—30℃；c—40℃；d—50℃；e—60℃

30℃后，尺寸大于300μm的铁素体晶粒出现，如图 2-9b 和图 2-9c 所示。过热度继续提高到50℃以后，铸带组织主要由粗大的多边形铁素体和分布在晶界的细小铁素体晶粒组成，少量柱状晶出现，如图 2-9d 和图 2-9e 所示。在较高过热度条件下铸带中出现的细小晶粒可能是相变晶粒长大不充分的结果，实验证明水冷条件下"α→γ→α"相变的过程大部分能够被抑制，所以铸态组织被最大程度地保留了下来。已有研究表明，在铸轧过程中使用55℃和140℃过热度分别得到了3%Si无取向硅钢和铁素体不锈钢的全柱状晶铸带组织。但是在1.3%Si无取向硅钢铸带中，60℃过热度条件下，铸带组织依然以多边形铁素体晶粒为主。这说明材料本身的热导率对铸带组织的影响非常明显。Si元素的加入使得材料热导率降低，1.3%Si和3%Si的热导率分别为0.355J/(cm·s·℃)和0.230J/(cm·s·℃)，凝固过程中前者温度梯度更小，使得柱状晶并不是十分明显。而Cr元素能够极大地提高导热效率，所以铁素体不锈钢的铸带要在140℃过热度条件下才能得到全柱状晶铸带组织。

铸轧成型过程中铸辊的强大冷却能力会在凝固的过程中形成较强的温度梯度，虽然没有使铸带组织形成明显的柱状晶组织，但还是对晶粒取向产生了明显的影响，如图2-10所示。在20℃过热度条件下，晶粒取向强度不高，织构分布比较漫散，如图2-10a所示。随着过热度的升高，取向强度增加，晶粒取向也向 {100} 面聚集，当过热度达到60℃时，铸带晶粒取向大部分

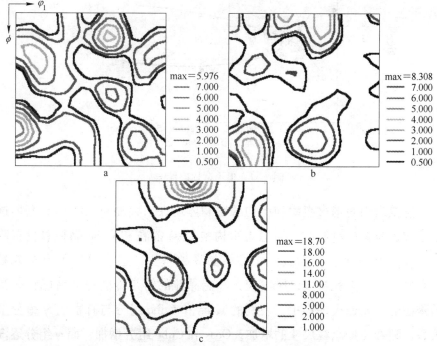

图2-10　1.3%Si铸带不同过热度条件下 $\varphi_2 = 45°$ ODF截面图

a—20℃；b—40℃；c—60℃

集中在 Cube 取向附近，取向强度达到 18.7，如图 2-10c 所示。

此现象与温度梯度和过热度的相互作用有关，当浇铸温度较低时，在铸辊强力冷却条件下，晶粒快速形核长大，由于形核量较大，选择生长并不明显，晶粒取向非常漫散。当过热度提高以后，熔体过冷度减小，晶粒在巨大的温度梯度条件下生长，选择生长比较明显，晶体取向向 ｛100｝ 偏转。

2.4.2 过热度对成品织构和磁性能的影响

铸带经过直接冷轧和 950℃ 退火后，磁性能如图 2-11 所示。随着铸带晶粒的增加，在相同退火条件下，铁损呈降低趋势，而磁感不断提高。当平均晶粒尺寸大于 260μm 后呈现低铁损高磁感的特点。轧向磁感值达到 1.84T，显示了铸带组织对于无取向硅钢性能的有益影响。

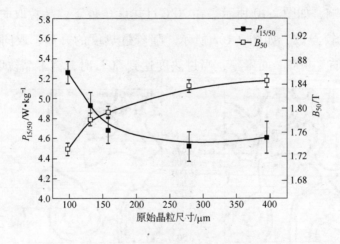

图 2-11 退火试样磁性能

冷轧前组织对退火组织和织构的影响体现在，大晶粒组织冷轧变形过程中会形成大量剪切带组织，对退火织构中 Goss 晶粒和 Cube 晶粒数量有巨大影响，如图 2-12 所示。而且由于原始晶界数量少，退火过程中形核数量较少，有利于退火晶粒长大，所以较大原始晶粒的铸带冷轧退火后能够获得较好的磁性能。在退火织构中，有利的 Goss 和 Cube 组分与有害的 γ 组分呈竞争关系，随着原始晶粒尺寸的增加，Goss 和 Cube 组分增加，而 γ 组分逐渐减少。Goss 和 Cube 晶粒主要在剪切带上形核长大，而剪切带会在大晶粒或者无间隙原子钢的冷轧过程中大量形成，如图 2-13 所示。

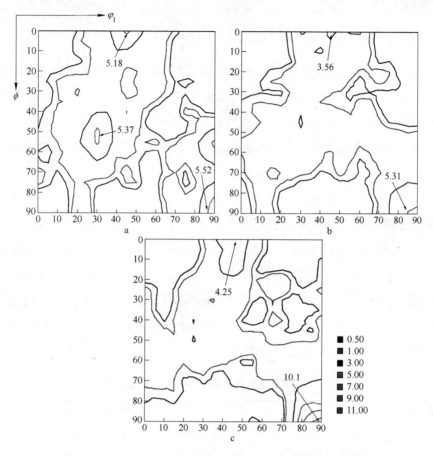

图 2-12 不同原始晶粒铸带冷轧退火样 $\varphi_2 = 45°$ ODF 截面图

a—98μm；b—158μm；c—395μm

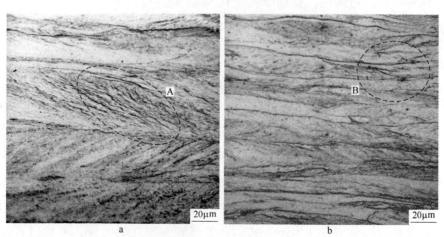

图 2-13 不同原始组织状态下冷轧过程剪切带的形成

a—395μm；b—98μm

2.5 铸带的再结晶退火过程组织、织构演化

1.3% Si 无取向硅钢铸带能够使晶粒达到 300μm 的水平，这是热轧板常化不容易达到的，而且 {100} 面织构非常发达，消除热轧织构的遗传作用，对再结晶织构影响非常明显。本节通过对比相同厚度的铸带和热轧坯料冷轧退火过程中再结晶组织、织构和性能的演化规律，研究了双辊薄带连铸对无取向硅钢组织、织构和性能的影响。

铸轧实验在东北大学轧制技术与自动化国家重点实验室（RAL）的双辊薄带铸轧机上进行，浇铸温度 1570℃，铸带厚度 2.4mm，编号为 TSCS（twin roll strip casting specimen）。采用厚度为 80mm 铸坯经过多道次热轧得到 2.4mm 热轧坯料，开轧温度 1200℃，终轧温度 900℃，轧后经过 1000℃ × 5min 常化，编号为 HRS（hot rolled specimen）。铸轧薄带和热轧板坯采用 50W540 的成分，以 Si、Al 和 Mn 为基本合金元素，同时要求控制 C、N、O、S 等有害元素，两种试样成分见表 2-3。

表 2-3　实验无取向硅钢化学成分（质量分数）　　　　　（%）

试　样	C	Si	Al$_s$	Mn	P	S	N
TSCS	0.0034	1.31	0.25	0.32	0.0078	0.0053	0.0045
HRS	0.0031	1.30	0.26	0.31	0.0069	0.0059	0.0049

两种试样经过酸洗，分别冷轧至 0.5mm 后进行退火，退火温度为 500 ~ 900℃，间隔 50℃，时间为 60s，气氛为 30% H_2 + 70% N_2。

2.5.1 铸带和热轧板组织和织构

TSCS 晶粒尺寸非常粗大，达到 397μm，HRS 晶粒尺寸为 81μm，如图 2-14所示。铸轧速度和浇铸温度是铸轧过程中控制晶粒大小和形态的主要手段[44]，铸带组织主要是高温凝固时形成的铸态铁素体晶粒，本实验铸带在保证成带的前提下，采用了较高的浇铸温度，使得过热度较大，铸态晶粒生长充分，其主要晶粒取向为 {100} 面织构（θ织构，〈100〉∥ND），如图 2-15a 所示。热轧过程模拟传统生产方式的高温终轧并常化的过程，常化过程消除了热轧 α织构（〈110〉∥RD），得到取向漫散的晶粒组织，如图 2-15b 所示。

铸带晶粒尺寸的水平远大于热轧板常化得到的晶粒尺寸，并且铸带发达的{100}面织构对比热轧常化板坯的漫散织构也有很大不同，铸带组织这些特点对后续冷轧退火的影响将在后面进一步讨论。

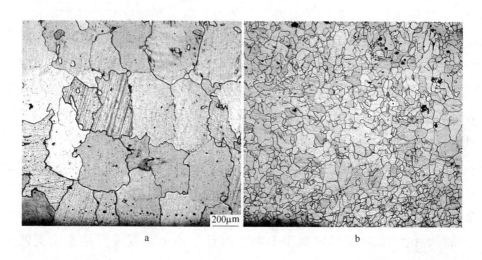

图 2-14 TSCS 和 HRS 显微组织

a—TSCS；b—HRS

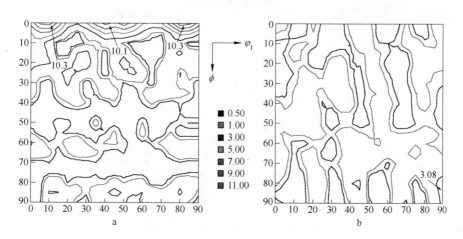

图 2-15 TSCS 和 HRS 宏观织构的 $\varphi_2 = 45°$ODF 截面图（X-RD）

a—TSCS；b—HRS

2.5.2 铸带组织对再结晶过程的影响

TSCS 和 HRS 冷轧试样在退火过程中再结晶率随着退火温度升高的变化

如图 2-16 所示。TSCS 冷轧试样完全再结晶之前各个退火温度下再结晶率都低于 HRS 冷轧试样，说明前者需要较高的温度才能使得再结晶发生，完全再结晶的温度也较高。这是由于两种试样冷轧变形储能不同造成的，而影响冷轧变形储能的主要因素有两个，即冷轧前晶界密度和晶粒的取向[50]。TSCS 晶粒尺寸远大于 HRS，而冷轧变形是一个位错不断滑移和积累的过程，晶内产生的位错在滑移到晶界处被阻止，只有当位错积累到一定程度滑移系才能继续开动，单位体积内晶界数量多则复杂滑移区域越多，变形储能（位错积累量）高；另外，冷轧基体不同的取向晶粒储能关系为：{100} < {112} < {111} < {110}，而 TSCS 绝大部分晶粒取向为 {100} 面织构，这是最容易发生滑移的晶粒取向，位错密度低，储能也低。这两个原因造成了 TSCS 冷轧试样中的能量积累要低于 HRS，而高密度的位错积累意味着更多的形核位置和更低的形核温度，所以 TSCS 在冷轧退火过程中再结晶开始和结束温度都要高于 HRS，而且在各个温度段再结晶比例低于后者。

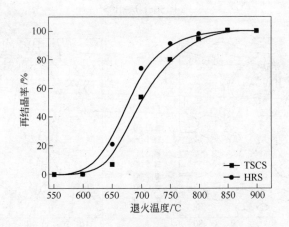

图 2-16　退火过程中再结晶率的变化

原始组织不同导致的差异还体现在再结晶晶粒的尺寸上，如图 2-17 所示。再结晶初始阶段二者再结晶晶粒尺寸基本一致，但是随着再结晶的进行，TSCS 再结晶晶粒尺寸始终较大。在退火过程中，再结晶晶粒的平均尺寸 d 可由下式表达[1]：

$$d = K(G/N)^{1/4} \tag{2-1}$$

式中　*N*——形核率；

　　　G——长大线速度；

　　　K——比例常数。

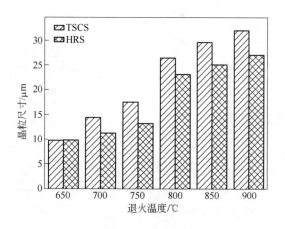

图 2-17　退火过程中再结晶晶粒大小

N 值影响因素主要有温度、位错密度（储能）和晶界比例等，前面分析了 HRS 的冷轧储能较高，而且晶界比例要多于 TSCS，所以 HRS 的 *N* 值要大于 TSCS 的 *N* 值，这就解释了其再结晶晶粒的尺寸较小的原因。

2.5.3　铸带组织对再结晶织构和磁性能的影响

无取向硅钢退火组织中主要织构类型有三类：以 {111}⟨110⟩ 和 {111}⟨112⟩ 为主的 γ 织构，即 {111} 面织构；以 {100}⟨001⟩（Cube）为主的 θ 织构，即 {100} 面织构；以 {110}⟨001⟩（Goss）为主要取向的 ξ 织构，即 {101} 面织构。图 2-18 ~ 图2-20 分别描述了铸带组织粗大的柱状晶组织对这三种织构的影响。

如图 2-18 所示，再结晶的整个过程中，TSCS 中的 {111} 面织构始终弱于 HRS，并且随着试样再结晶率的升高，两种试样 {111} 面织构比例差距也增大。不低于800℃退火，再结晶接近完全，这时 HRS 中的 {111} 面组分比例达到一个稳定值，而 TSCS 中 {111} 面组分比例一直在增加。说明在再结晶完成后的晶粒长大过程中，{111} 面织构在 HRS 中比例较为稳定，而在 TRCS 中则随着晶粒的长大，其组分继续增加。从总体上看，TSCS 抑制有害织构的效果非常明显。

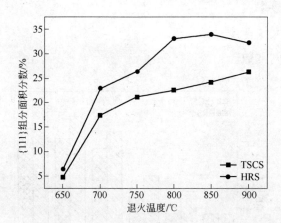

图 2-18　退火过程中 {111} 织构的演化

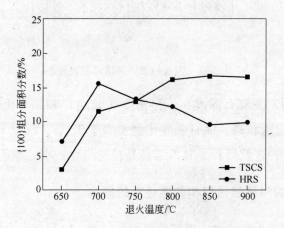

图 2-19　退火过程中 {100} 织构的演化

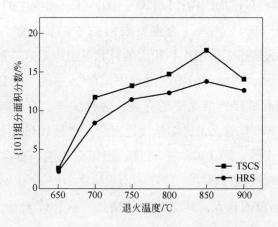

图 2-20　退火过程中 {101} 织构的演化

以 Cube 组分为主的 {100} 面织构和以 Goss 为主的 {101} 面织构在退火过程中的演变规律如图 2-19 和图 2-20 所示。再结晶开始时 HRS 中 {100} 面织构占有优势，这是由于 HRS 冷轧晶粒中 {100}⟨011⟩（旋转立方）取向变形晶粒数量较多，随着退火温度的升高，这部分冷轧组织被再结晶晶粒"吃掉"，{100} 组分逐渐降低。而在 TSCS 为完全退火态的组织中，TSCS 中 {100} 组分的比例达到 16%，明显高于 HRS 中的 9.9%，说明双辊薄带组织粗大的 {100} 取向晶粒对退火组织的织构产生了有利的影响。

随着再结晶的进行，两种试样中 {101} 组分逐渐增加，而 {101} 晶粒在 TSCS 中比例明显高于 HRS，但是再结晶晶粒长大过程中这种差距在缩小。在 900℃退火时，两种试样中的 {101} 组分都有降低的趋势，这是由于 Goss 晶粒长大过程中的主要驱动力是晶界迁移，而 Goss 晶粒和周围变形基体的晶界属于小角度晶界，所以在晶粒长大过程中，Goss 晶粒长大速度并不占优势，导致 900℃退火时 {101} 组分比例下降。

{111}⟨112⟩ 取向再结晶晶粒在 {111}⟨110⟩ 和 {112}⟨110⟩ 取向变形基体上形核并长大，而 {111}⟨110⟩ 取向再结晶晶粒则在 {111}⟨112⟩ 变形基体形核并长大。单晶和多晶的无取向硅钢中，新 Cube 和 Goss 晶粒也在 {111}⟨112⟩ 变形基体的剪切带上形核并长大，因此 Goss、Cube 和 {111}⟨110⟩ 取向的再结晶晶粒存在竞争关系，前两种取向晶粒组分提高就会抑制 {111} 组分的量。通常认为，无取向硅钢中粗大晶粒更容易形成更多的剪切带，在再结晶过程中，随着退火温度的升高，Goss 和 Cube 晶粒在这些剪切带上形核并长大，这就抑制了 {111} 组分中的 {111}⟨110⟩ 取向晶粒，这解释了 TSCS 中 {111} 面织构弱于 HRS 而 {100} 和 {101} 强于 HRS 的原因，说明双辊连铸薄带的粗大晶粒提高有利织构组分有非常明显的作用。

另外，铸带的柱状晶组织在织构遗传方面也有其特点，如图 2-21 所示。观察了 650℃退火时两种试样的织构发现，再结晶刚刚开始的时候，在 TSCS 中存在一定量的 Cube 晶粒，但是 HRS 中并没有观察到 Cube 织构存在，如图 2-21a、b 所示。800℃退火时再结晶过程基本完成，两种试样中都观察到了较强的 Goss 和 Cube 织构，说明这两种取向的晶粒在较高温度退火时形核长大，如图 2-21c、d 所示。Park[18] 等人认为，Goss 和 Cube 晶粒形核和长大需要较高的储能和温度，在再结晶的开始阶段不会出现，所以 TSCS 低温退火试样中

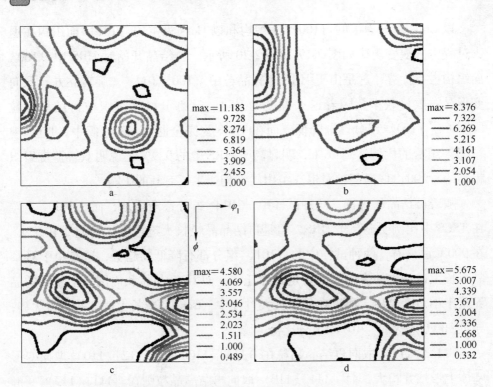

图 2-21 退火试样 $\varphi_2 = 45°$ 截面图 （EBSD）

a—TSCS-650℃；b—HRS-650℃；c—TSCS-800℃；d—HRS-800℃

Cube 晶粒为铸带中柱状晶冷轧组织回复晶粒，即铸带中柱状晶能够以回复的形式遗传到退火组织中，这也解释了 TSCS 退火试样中 Cube 组分发达的原因，说明了双辊薄带连铸生产无取向硅钢的独特优势。

完全退火态的试样磁性能如图 2-22 和图 2-23 所示。薄带连铸试样展示了

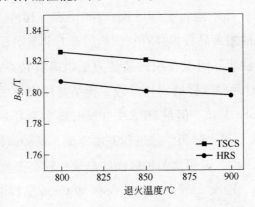

图 2-22 退火温度对磁感的影响

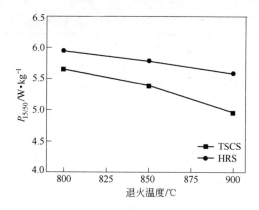

图 2-23　退火温度对铁损的影响

优异的磁性能：相同退火温度下，在具有较高磁感值的同时，又有较低的铁损。TSCS 较高磁感得益于有利织构 Goss 和 Cube 组分较多，而较低的铁损是因为相同退火温度下较大的晶粒尺寸。

2.6 退火对组织、织构和磁性能的影响

2.6.1 退火工艺及磁性能比较

该成分追求的目标牌号在 50W540 与 50W600 之间，即最大铁损（$P_{15/50}$）和最小磁感应强度（B_{50}）分别为 5.4 ~ 6.0W/kg 和 1.64 ~ 1.66T。由表 2-4 ~ 表 2-7 可以看到所有工艺制度的磁性能，只有 W11-22 直接冷轧在 900℃退火时铁损 $P_{15/50}$ 高于 5.4W/kg，所有工艺牌号 50W540 命中率为 95%，部分工艺达到了 50W470 牌号要求，最终厚度为 0.35mm 的试样达到了 35W440 牌号，达到了较高的水平。而且从磁感值来看，实验得到了非常优秀的结果，普遍比国标要求提高了 0.1T 以上，所以铸轧生产中牌号无取向硅钢的优势在于：在同等铁损条件下，有更高的磁感；在同等磁感条件下，有更低的铁损值。这些优势在应用上就意味着可以用较少的硅钢片达到电机设计要求，并且减少了电力损耗，从而节约了材料和能源。

表 2-4　W11-22 在不同工艺条件下的铁损 $P_{15/50}$ 　　　　（W/kg）

退火温度/℃	1000℃热平整			直接冷轧
	最终厚度 0.5mm	最终厚度 0.35mm		最终厚度 0.5mm
900	4.732	4.312 4.130	平均 4.221	5.7

退火温度/℃	1000℃热平整		直接冷轧
	最终厚度 0.5mm	最终厚度 0.35mm	最终厚度 0.5mm
950	4.778	4.082 4.245　　平均 4.164	5.303
1000	4.346	4.223 3.886　　平均 4.055	5.16
1050		4.145 4.036　　平均 4.091	4.93
工艺编号	1 号	2 号	3 号

表 2-5　**W10-22 在不同工艺条件下的磁感 B_{50}**　　　　（T）

退火温度/℃	1000℃热平整		直接冷轧
	最终厚度 0.5mm	最终厚度 0.35mm	最终厚度 0.5mm
900	1.797	1.782 1.793　　平均 1.788	1.818
950	1.79	1.788 1.77　　平均 1.782	1.792
1000	1.782	1.813 1.772　　平均 1.782	1.838
1050	——	1.789 1.782　　平均 1.785	1.810
工艺编号	1 号	2 号	3 号

表 2-6　**W11-7 在不同工艺条件下的铁损 $P_{15/50}$**　　　　（W/kg）

退火温度/℃	热轧 1150℃ + 常化 950℃ × 3min 冷轧至 0.5mm	常化 1000℃ ×3min 冷轧至 0.5mm	直接冷轧至 0.5mm
950	5.31	5.111	4.76
1000	5.29	4.97	4.57
1050	5.11	4.85	4.79
工艺编号	4 号	5 号	6 号

表 2-7　W11-7 在不同工艺条件下的磁感 B_{50}　　　　（T）

退火温度/℃	热轧 1150℃ + 常化 950℃ × 3min 冷轧至 0.5mm	常化 1000℃ ×3min 冷轧至 0.5mm	直接冷轧至 0.5mm
950	1.740	1.814	1.799
1000	1.731	1.840	1.794
1050	1.750	1.795	1.808
工艺编号	4 号	5 号	6 号

比较铁损值发现，W11-22 经过较低温度热平整后冷轧可以降低铁损值，而 W11-7 经过热平整和常化后铁损值升高，比较初始组织发现原始晶粒大小影响最终铁损大小，而且初始最佳晶粒尺寸在 $200 \sim 260\mu m$ 之间；缓冷铸带直接冷轧或者空冷铸带经过常化后磁感非常高，这两种处理都使得原始晶粒粗大，说明这个成分无取向硅钢冷轧坯料中的晶粒尺寸较大对磁感有利。退火温度对磁性能的影响如图 2-24 所示。

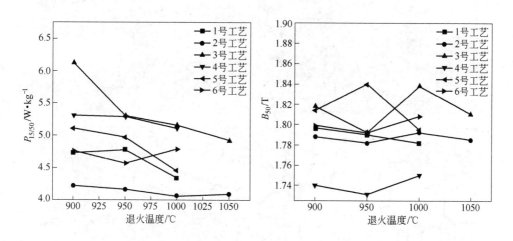

图 2-24　退火温度对磁性能的影响

综合分析，铸轧生产该成分无取向硅钢，在初始阶段通过铸轧参数控制来得到平均晶粒尺寸较粗大均匀的铸态组织，直接冷轧，得到较小的铁损和较高的磁感。

2.6.2　退火过程中显微组织演化

晶粒尺寸直接影响无取向硅钢的铁损值，原因是无取向硅钢追求的主要是降低磁致损耗，而影响磁致损耗的主要因素有晶体织构、杂质、夹杂物、内应力、晶粒尺寸和硅（铝）含量，所以要求杂质含量低、析出物相对粗大和晶粒尺寸较大。

图 2-25 为成品退火后的显微组织，其中平均晶粒尺寸分别是 45μm、51μm、54μm、58μm，对应表 2-4、表 2-6 可以知道晶粒尺寸较大铁损值较小，而对晶粒尺寸在这一范围内对磁感值影响不大。对应根据传统工艺生产的无取向硅钢可知，硅含量为 1.2% 的无取向硅钢理想的晶粒尺寸应该在 60~80μm，在所有的实验条件下，平均晶粒尺寸相对较小，这说明目前的工

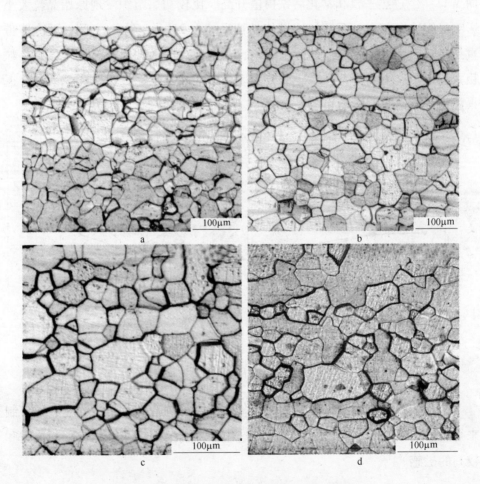

图 2-25　退火后的显微组织照片

a—1 号工艺，950℃ ×5min；b—1 号工艺，1000℃ ×5min；

c—2 号工艺，950℃ ×5min；d—2 号工艺，1000℃ ×5min

艺条件还有改善空间。

由图 2-25 可以看出，随着退火温度提高晶粒尺寸增大，但是晶粒的均匀性下降，造成性能降低，也就是说退火温度并不一定是越高越好，最佳工艺应该协调晶粒尺寸和均匀性。

不同的处理工艺对成品退火后晶粒的均匀程度也有一定的影响，铸带直接冷轧成品退火后带钢的晶粒尺寸相差很大，晶粒的均匀度最差，如图 2-26 所示；相同的成品厚度和退火前工艺相同的条件下，1000℃ 退火比 900℃ 退火晶粒的均匀程度要好（图 2-26a 和图 2-26b）；相同前处理工艺条件下，总压下量越大，晶粒长大到均匀尺寸所需温度越低。

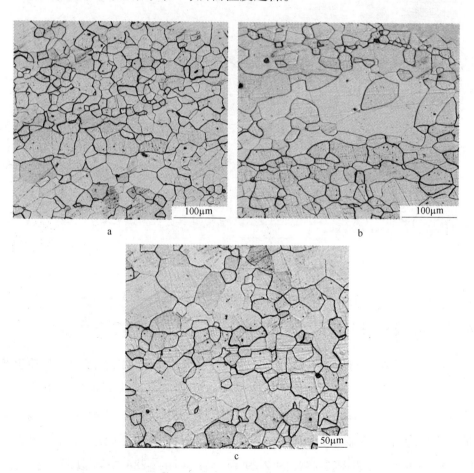

图 2-26　6 号工艺不同退火温度下的显微组织照片

a—950℃ ×5min；b—1000℃ ×5min；c—1050℃ ×5min

图 2-27 给出了 5 号工艺条件下微观组织，由冷轧态到再结晶，并且随着退火温度的升高晶粒长大的过程，也同样说明原始晶粒较大，冷轧退火后再结晶晶粒不均匀。

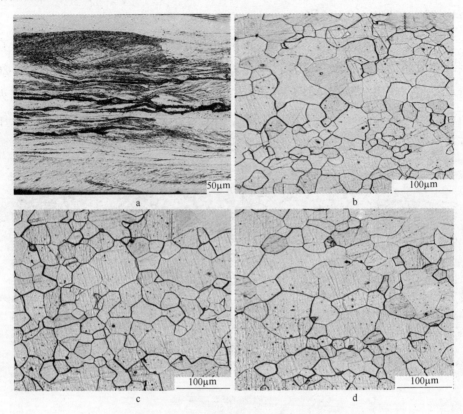

图 2-27　5 号从冷轧态到退火态的组织演化

a—冷轧态；b—950℃×5min；c—1000℃×5min；d—1050℃×5min

2.6.3　退火过程中微观取向演化

退火温度对织构影响较大[51,52]，从表 2-6、表 2-7 可以看出，在其他工艺相同的条件下，6 号工艺铸带 W11-7 直接冷轧其成品退火后带钢铁损值都比缓冷铸带相同工艺条件下带钢的较低，这说明该成分可以省略常化工艺，这是由于空冷铸带的显微组织晶粒较为合适。空冷铸带不同退火温度的成品 EBSD、ODF 结果如图 2-28、图 2-29 所示。从图 2-28c 中可以看出，虽然 1050℃退火后的晶粒明显粗大，但是从图 2-29c 可以看出，其 η 织构明显发生了偏移，1000℃退火后 η 取向线上的织构主要是 {120}⟨001⟩，$f(g) = 4.428$

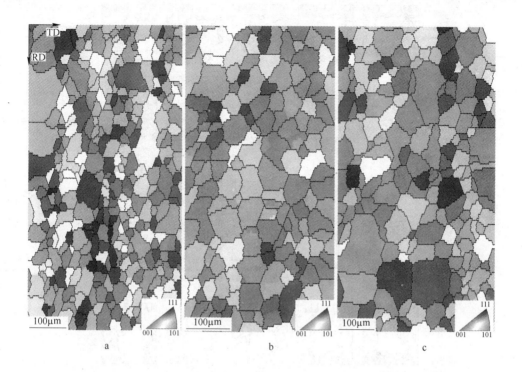

图 2-28　6 号不同退火温度下的 EBSD 图

a—950℃×5min；b—1000℃×5min；c—1050℃×5min

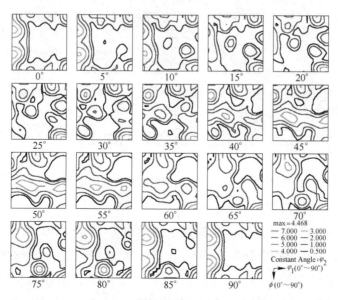

a

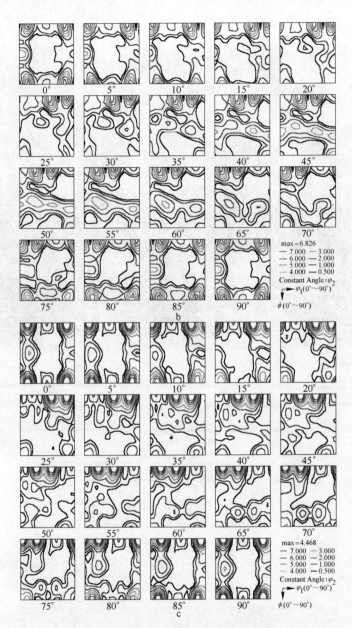

图 2-29　6 号不同温度下退火后的 ODF 图

a—950℃×5min；b—1000℃×5min；c—1050℃×5min

最大值；而 1050℃退火后，η 取向线上的织构主要是 $\{110\}\langle 001\rangle$ 织构，且
$f(g) = 3.0$，主要织构组分为 $\{100\}\langle 510\rangle$，且达到 $f(g) = 6.828$ 的最大值。
这说明其他工艺相同 1000℃退火其铁损较低是因为其 η 织构位向比较准确，
1000℃退火后的其 (100)//RD 所占织构比例为 11.5%，1050℃退火后的比例为 24.6%，而且晶粒尺寸与 1050℃ 退火后不占优势。

5 号工艺成品退火后，1000℃ ×5min 退火晶粒在给出的三种工艺下是最均匀的，虽然晶粒尺寸不是最大，但 η 取向线上的织构几乎为 0，织构在立方织构附近位向形成强点，铁损、磁感仍然比较优秀。这说明要综合考虑影响铁损的主要因素，在工艺的选择上应该根据不同常化工艺选择不同退火时间和温度。实验结果表明，空冷铸带如果目标厚度为 0.5mm，直接冷轧成品退火选择 950℃ ×5min 比较合适；空冷铸带如果目标厚度为 0.5mm，经过 1000℃ ×3min 常化，成品退火选择 1000℃ ×5min 铁损最低。

可以看出，缓冷带钢最终铁损值 1 号和 2 号工艺条件下铁损值体现出较为明显的优势，1 号、2 号工艺即铸带 W10-22 缓冷后经 1000℃ 热平整后冷轧至 0.5mm、0.35mm，再进行成品退火。这是因为缓冷铸带晶粒较大，经过 1000℃ 热平整后初始粗大的晶粒得到明显的改善，可以看出热轧后的显微组织相当于传统工艺常化后的显微组织，晶粒相对初始组织细小，所以该工艺下带钢的铁损值较低。其成品退火后的 EBSD 结果如图 2-30、图 2-31 所示，可以看出试样具有较低的铁损，则其成品退火后的晶粒更均匀粗大。如图 2-32、图 2-33 所示，铸带成品厚度在 0.35 厚度时，2 号工艺铸带经过 1000℃

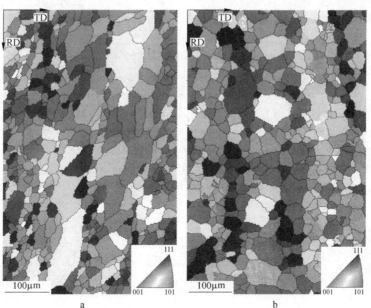

图 2-30　不同工艺同一温度退火微观取向组织对比
a—1 号工艺，950℃ ×5min；b—2 号工艺，950℃ ×5min

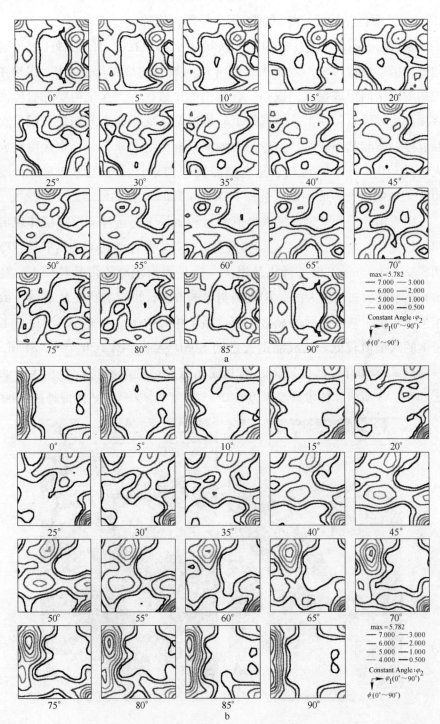

图 2-31　不同工艺同一温度退火态的组织宏观织构对比
a—1 号工艺，950℃ ×5min；b—2 号工艺，950℃ ×5min

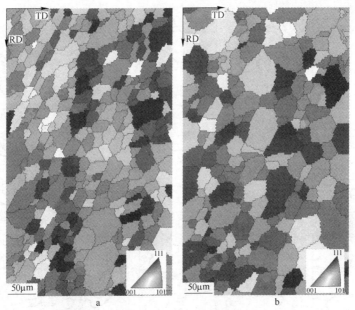

图 2-32　不同温度下退火态的微观取向对比

a—900℃×5min，2 号工艺；b—1000℃×5min，2 号工艺

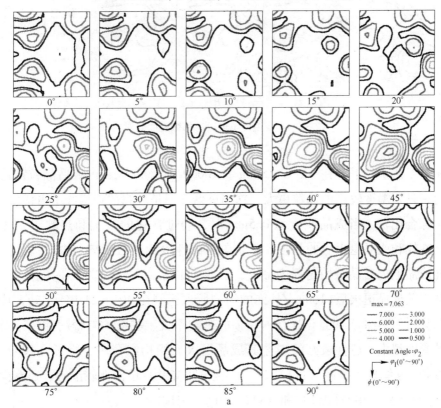

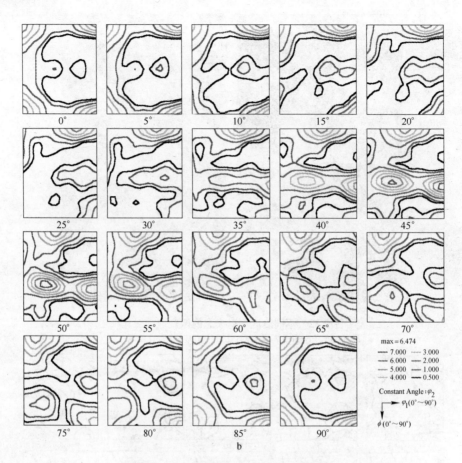

图 2-33　不同温度下退火态的微观取向对比

a—900℃ ×5min，2 号工艺；b—1000℃ ×5min，2 号工艺

热轧的工艺条件下，在 900℃ ×5min 和 1000℃ ×5min 成品退火后晶粒都比较均匀，只是温度较高的晶粒更大，铁损更低，但是理想的织构并不占优势。

综合比较，当成品厚度为 0.5mm 时，经过常化的带钢和热轧未常化带钢，冷轧和成品退火后的晶粒比较均匀，磁性也比较占优势，缓冷铸带直接冷轧成品退火后晶粒均匀程度最差，磁性也最差。实验发现，在实验采取的几种工艺成品退火后(100)//轧面的织构所占比例在 9% ~24.9% 之间，传统工艺只占约 20%，而且该比例对铁损的影响不大，晶粒均匀程度和尺寸对铁损的影响很大。磁性较好的工艺其成品退火后织构组分中，除了 (100) 织构以外，γ 织构主要是 (111)[112]，强度很高并且位向比较准确，还有少量的高斯织构、(100)[011] 和 (112)[011] 织构。

冷轧压下量对最终退火织构影响较大，而且在大冷轧压下量条件下，需要较高的退火温度来使得 γ 织构组分降低[50,52]，如图 2-33 所示，在 1000℃ 退火使得 γ 织构组分明显较 900℃ 退火要低，而且随着退火温度升高，γ 织构向立方织构和 Goss 织构转变得更充分一些。

2.6.4 退火过程中织构演化

图 2-34 所示为 1 号工艺在 900℃ ×5min 退火的 0 层、1/4 层、1/2 层的 $\varphi_2 = 45°$ODF 截面图。在这个工艺中每一层都有较强且位向准确的 Goss 织构，其强度指数 $f(g)$ 分别达到 5.01、5.31、5.37。而且在 1/2 层有较强的 γ 织

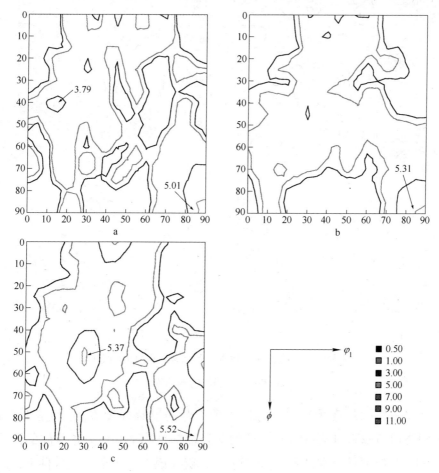

图 2-34 1 号工艺 900℃ 退火后带钢 $\varphi_2 = 45°$ODF 截面图

a—0H；b—1/4H；c—1/2H

构，在 {112}⟨111⟩ 位向形成强点，强度指数 $f(g) = 5.37$。图 2-35、图 2-36 所示为 2 号工艺在 900℃ ×5min 和 1000℃ ×5min 退火的 0 层、1/4 层、1/2 层 的 $\varphi_2 = 45°$ ODF 截面图。在这个工艺中每一层都有较强的 γ 织构，在 {112} ⟨111⟩ 位向形成强点，并且在 1/4 层和 1/2 层非常明显，强度指数 $f(g)$ 最大 值达到 7.08。

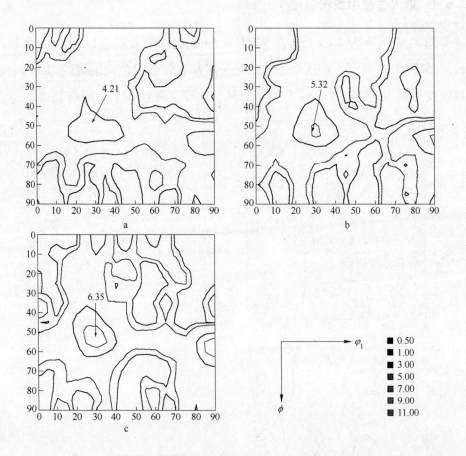

图 2-35　2 号工艺 900℃ 退火后带钢 $\varphi_2 = 45°$ODF 截面图

a—0H; b—1/4H; c—1/2H

压下量影响最终织构[53,54]，这三个工艺的磁感强度 B_{50} 分别是 1.797T、 1.788T 和 1.782T，1 号和 2 号工艺的前处理都是热平整，只是冷轧的最终厚 度不同，总压下量分别是 81% 和 86%，也就是说在这个前处理条件下，总压 下量过大会使得最终退火成品中 γ 织构较强从而影响磁感强度，所以经过热 平整后总压下量应控制在 80% 左右。

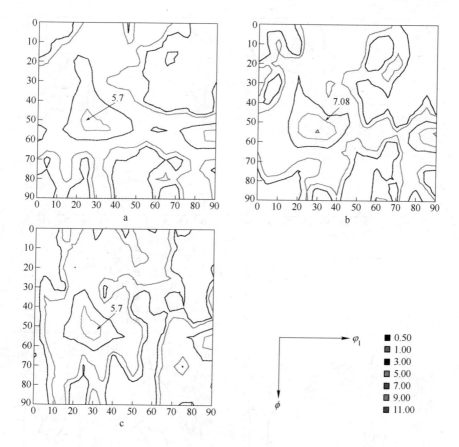

图2-36 2号工艺1000℃退火后带钢$\varphi_2 = 45°$ODF截面图

a—0H；b—1/4H；c—1/2H

6号工艺是缓冷铸带W11-7直接冷轧到0.5mm。在950℃×5min后，在0层和1/4层中都有很强的Goss织构，而且位向很准，这个工艺的磁感$B_{50} = 1.799$T。在1/4层发现较强的 {111}⟨112⟩ 织构，说明退火温度较低，γ织构组分没有完全转化为Goss织构。

图2-37为6号工艺950℃退火后带钢ODF图。

图2-38和图2-39分别给出了6号工艺冷轧态和不同温度退火态0层、1/4层的织构演化，可以看到冷轧织构向退火织构转变的特点是：

（1）冷轧料有较强的α织构和旋转立方织构，其中有 {113}⟨110⟩、{100}⟨110⟩ 和 {001}⟨110⟩ 附近的三个强点。

（2）退火过程中0层的α织构和旋转立方织构消失，转变成较强的Goss

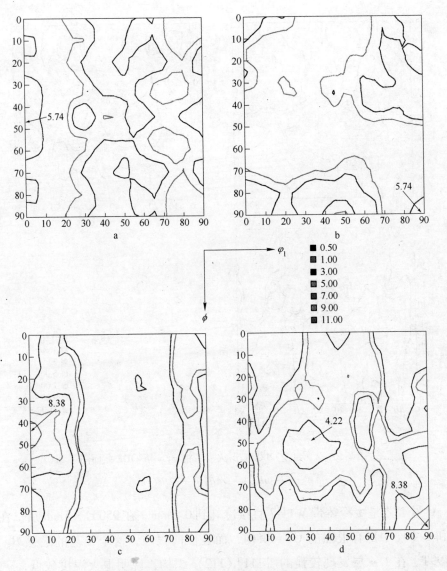

图 2-37　6 号工艺 950℃退火后带钢 ODF 图

a—0H，$\varphi_2 = 0°$；b—0H，$\varphi_2 = 45°$；c—1/4H，$\varphi_2 = 0°$；d—1/4H，$\varphi_2 = 45°$

织构。

（3）冷轧态 1/4 层开始出现典型冷轧组织——γ织构，但是其组分并不强。

（4）在冷轧织构中 α 组分在冷轧料内部较占优势，{111}〈110〉组分最强。

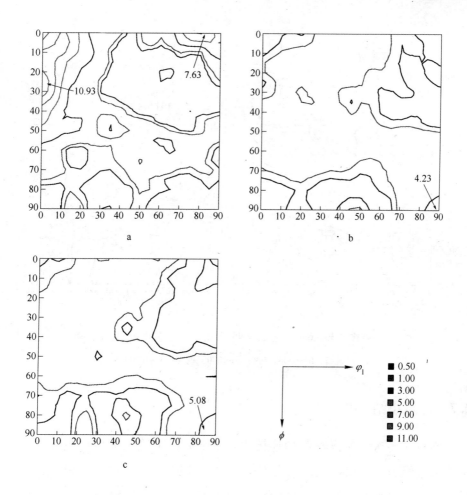

图 2-38　6 号工艺 $\varphi_2 = 45°$ 带钢 0 层的织构演化

a—冷轧态；b—950℃退火；c—1000℃退火

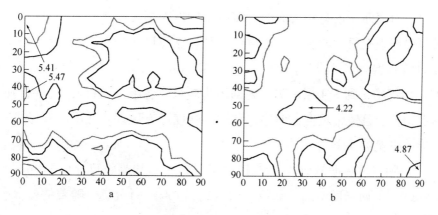

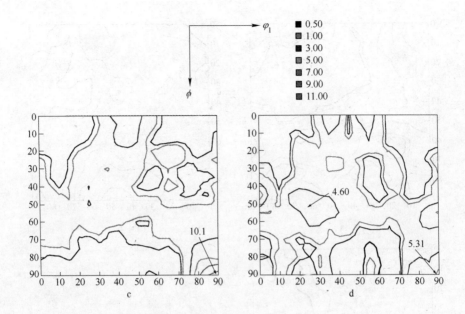

图 2-39　6 号工艺 $\varphi_2 = 45°$ 带钢 1/4 层的织构演化

a—冷轧态；b—950℃退火；c—1000℃退火；d—1050℃退火

2.7　本章小结

本章主要探讨了双辊薄带连铸生产 1.3% Si 中牌号无取向硅钢过程中，典型铸带组织、织构特征，二次冷却方式、浇铸温度、过热度等铸轧参数对铸带以及成品组织、织构和磁性能的影响规律，主要结论如下：

（1）铸带组织晶粒为不规则等轴晶，大晶粒中间分布着一些细小的等轴晶，而且尺寸范围较大，最小的晶粒尺寸不大于 20μm。铸带采用缓冷和空冷二次冷却对表面质量有较大影响，缓冷铸带表面裂纹较少，内应力较小，对铸带显微组织有很大的影响；空冷铸带平均晶粒尺寸为 260μm，相同的成分缓冷的铸带晶粒平均尺寸较大，达到 320μm。铸轧带的表面形成了一层 {100} 面织构，到 1/4 层消失。内部织构较弱，各组分随机漫散，织构的取向密度很低，且铸带宽度方向边部和中心强度没有区别，几乎没有形成 γ 织构，形成少量的 α 和 η 织构。

（2）随着过热度从 20℃提高到 60℃，铸带平均晶粒尺寸由 110μm 提高到 380μm，取向强度增加，晶粒取向也向 {100} 面聚集。随着铸带晶粒的增加，在相同退火条件下，铁损呈降低趋势，而磁感不断提高。当平均晶粒尺寸大于 $260\mu m$ 后呈现低铁损高磁感的特点。轧向磁感值达到 1.84T，显示了铸带组织对于无取向硅钢磁性能的有利影响。

（3）双辊连铸薄带（TSCS）1.3% Si 无取向硅钢再结晶开始和结束温度都高于热轧态（HRS），相同退火温度条件下，TSCS 再结晶率低于后者，而晶粒尺寸大于后者；完全退火态组织中，TSCS 中不利的 {111} 组分量较低，而且有利织构 Goss 和 Cube 组分优势明显；完全退火态的 TSCS 中，有利织构组分较多，而且晶粒尺寸较大，使其具有较高的磁感和较低铁损。

（4）冷轧织构特点是表层形成 α 织构，到中心层逐渐转到 γ 织构，经过退火后，转变为 Goss 织构。原始晶粒尺寸粗大的组织经过冷轧退火后，从退火织构中发现以后 B_{50} 值较高，这是由于粗大晶粒经过冷轧后内部形成剪切带，有利于形成 η 织构，尤其是 Goss 织构，从而提高磁感值。成品厚度对 $P_{15/50}$ 和 B_{50} 影响较大，0.35mm 厚度试样经过退火后，$P_{15/50}$ 较低，B_{50} 同时也下降，而冷轧压下量增大使得退火织构中 γ 晶粒增加，降低了 B_{50} 值。

3 薄带连铸高效电机用钢的开发

高效电机是指平均效率达到90%以上的高标准电机。近年来，为了达到节能减排的目的，欧美国家全面提高了电机效率标准，逐步采用高效电机淘汰低效电机（平均效率不足87%）。我国也在2011年推出了电机效率新标准，目的是提高高效电机的使用量，达到节能降耗的目的。目前国内外关于高效电机用无取向硅钢，通常主要通过控制热轧工艺，采用冷轧前常化处理，调整Al + Si的百分含量，纯净化钢质，增加特殊合金元素来达到优化组织和织构、降低铁损、提高磁感的目的。但此类方法均采用特殊的合金成分和传统的厚板坯连铸-热轧-冷轧-热处理流程，冶炼、合金成本高而且工序复杂增加了制造难度，同时磁性能特别是磁感水平提高相对有限。

双辊薄带连铸工艺不同于传统薄带的生产方法，由于凝固时存在 // ND 的温度梯度，凝固时形成大量的 $\{100\}\langle 0vw \rangle$ 位向晶粒，使得 γ 织构很弱或几乎没有，从而有利于提高磁感；而且薄带连铸的铸带组织比传统热轧组织的晶粒更加粗大、均匀（平均晶粒尺寸可达到300μm以上），其晶粒尺寸甚至大于传统热轧后经过常化（或预退火）处理的热轧板，这种粗大晶粒在冷轧中生成更多剪切带，从而促进对磁性能有利的 $\{100\}$ 和 Goss 取向晶粒生成，有利于减少传统热轧过程中形成的 γ 织构的遗传作用，降低铁损和磁各向异性，提高磁性能。低碳中低硅无取向硅钢 $[w(Si + Al) < 1.5\%]$ 是用量最大的硅钢，占硅钢总量的70%以上，而高效电机用钢正是在此基础上发展而来的高品质硅钢。采用薄带连铸技术生产高效电机用钢，能够在低成本条件下显著提高产品性能，实现良好的经济和社会价值。

考虑到双辊薄带连铸生产无取向硅钢铸带织构本身的优越性，为最大程度上保留铸带的 $\{001\}$ 有利织构，进一步减薄铸带厚度、降低生产成本，本研究进行了1.3% Si 中牌号高效电机用无取向硅钢薄带的试轧，出带厚度在1.5mm 左右，探索了铸轧工艺条件对薄带组织、织构、力学性能以及成品组织、织构、磁性能的影响。

3.1 薄带铸轧参数

本实验以双辊铸轧生产 2.5mm 厚 1.3% Si 中牌号无取向硅钢的成熟工艺为参照，制定了双辊铸轧生产 1.5mm 厚 1.3% Si 中牌号无取向硅钢薄带的工艺参数，如表 3-1 所示。减薄铸带的厚度使得浇铸过程中温度梯度增大，需要综合考虑浇铸温度、初始辊缝和轧制速度来控制成带。考虑到实验钢 Si、Al 含量较低，钢水流动性较好，为了保证成带，过热度上限设定为 50℃。为了减薄铸带厚度，在调整初始辊缝的同时，轧制速度也要相应提高，以减小轧制力，降低机架弹跳值。表 3-1 中的出带宽度和出带厚度为试轧成功后的实测平均值。

表 3-1　双辊铸轧生产超薄带的主要参数

炉号	浇铸温度/℃	二次冷却方式	轧制速度/m·s^{-1}	出带宽度/mm	出带厚度/mm
1	1550	水冷	0.4	110	1.6
2	1555	水冷	0.4	110	1.6
3	1560	水冷	0.5	110	1.5
4	1565	水冷	0.5	110	1.5
5	1570	水冷	0.5	110	1.5

3.2 铸轧条件对薄带的影响

双辊铸轧工艺条件对铸带组织、织构和性能的影响较大，为了探索合适的薄带浇铸工艺，本实验对试轧薄带产品的显微组织、微观取向、宏观织构和力学性能进行了检测，对比了不同浇铸温度下铸带的综合性能，阐述了浇铸温度对双辊铸轧生产 1.3% Si 中牌号无取向硅钢薄带的影响。

3.2.1 微观组织

图 3-1 所示为不同浇铸温度下铸带的微观组织，可以明显看出，随着浇铸温度的提高，晶粒逐步长大。浇铸温度较低时，铸带组织较为细小，均匀性相对较好，近中心层晶粒有长大的趋势，并且受到轧制力的影响，中心层有变形趋势，可以观察到较为明显的剪切带。随着浇铸温度的提高，晶粒平

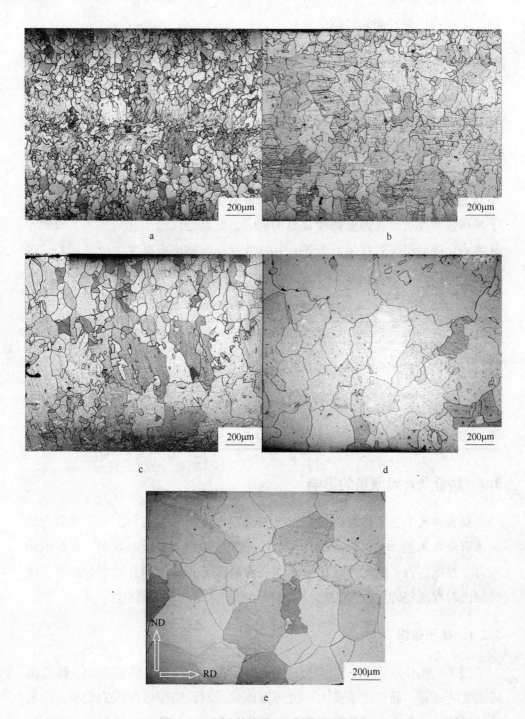

图 3-1　不同浇铸温度下的铸带微观组织

a—1550℃；b—1555℃；c—1560℃；d—1565℃；e—1570℃

均尺寸增大，细小的铁素体晶粒逐渐减少。浇铸温度在1555℃左右时，组织为大晶粒中间夹杂着细小铁素体晶粒的混晶组织，铸带组织极不均匀。浇铸温度达到1570℃后，晶粒充分长大，组织中几乎不存在细小的铁素体晶粒，组织较为均匀，平均晶粒尺寸较大。

图3-2给出了EBSD实验面扫范围内得到的不同浇铸温度薄带组织的晶粒尺寸分布图。1550℃浇铸时，在整个面扫区域内，最大晶粒尺寸达到了234μm，最小尺寸小于20μm，平均晶粒尺寸为84.4μm，晶粒尺寸范围较大，大晶粒所占的面积较小，组织比较均匀。1555℃浇铸时，在整个面扫区域内，最大晶粒尺寸达到了245μm，最小尺寸小于20μm，平均晶粒尺寸为102.86μm，晶粒的尺寸范围也比较大，大晶粒所占的面积有所提高，组织均匀性较差。1560℃浇铸时，在整个面扫区域内，最大晶粒尺寸达到了330μm，最小尺寸约为30μm，平均晶粒尺寸为102.86μm，晶粒尺寸范围较大，小晶粒和大晶粒的数量都比较少，整体均匀性有所提高。随着浇铸温度的提高，平均晶粒尺寸增大，受大晶粒和小晶粒数量变化的影响，组织均匀度先下降

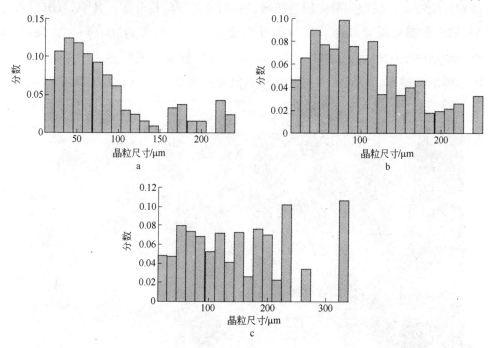

图3-2 不同浇铸温度薄带的晶粒尺寸

a—1550℃；b—1555℃；c—1560℃

后升高，这与铸带显微组织观察得到的结论相一致。

低温浇铸时，铸带在极短的时间内凝固，晶粒来不及长大，因此容易形成细小的铁素体组织。由于低温浇铸时铸带凝固速度极快，成带在轧制过程中极易变形，中心层温度较高，组织较软，变形量较大，因此中心层的变形组织在一定程度上得以保留。提高浇铸温度使得钢水凝固过冷度增加，晶粒长大。同时，浇铸温度提高还使得温度梯度增大，晶粒长大受温度梯度的影响随之加大，生长速度加快。

由以上分析可以看出，双辊铸轧生产 1.5mm 厚 1.3% Si 中牌号无取向硅钢薄带时，随着浇铸温度的提高，晶粒尺寸增大、组织均匀度提高，且出带厚度有下降趋势。为了得到大而均匀的有利组织，必须提高浇铸温度。当浇铸温度达到 1570℃ 时，铸带厚度和组织达到了较好的水平。

3.2.2 铸带微观取向分析

图 3-3 给出了三个浇铸温度下铸带全厚度方向的微观晶粒取向分布图。1550℃ 浇铸时，晶粒的取向较为漫散，各组分趋于随机分布。其中，$\langle 011 \rangle$//ND 取向的晶粒数量最多，所占的面积最大；大晶粒多为 $\langle 001 \rangle$//ND 取向，所占的比例也比较大；$\langle 111 \rangle$//ND 取向的晶粒数量虽然很多，但晶粒细小，所占的面积略小。1555℃ 晶粒取向分布仍比较漫散，$\langle 011 \rangle$//ND 取向的晶粒

300μm

a

300μm

b

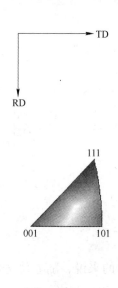

图 3-3　不同浇铸温度下薄带的微观取向对比

a—1550℃；b—1555℃；c—1560℃

数量上大大减少，但晶粒尺寸增加，所占的比例与｛001｝相当，〈111〉//ND取向的晶粒数量减少，除个别晶粒外，尺寸仍较小，所占面积不大。1560℃浇铸时，晶粒取向明显向〈001〉//ND方向聚集，｛100｝组分进一步加强；〈011〉//ND取向的晶粒数量减少，所占的面积减小；〈111〉//ND取向晶粒数量明显减少，晶粒尺寸略有增加，所占的面积明显降低。

　　为便于分析，统计了偏移角度小于15°范围内的〈001〉//ND、〈111〉//ND、〈011〉//ND三个取向晶粒所占的面积，如表3-2所示。以浇铸温度为横坐标绘制了重要取向随浇铸温度变化的曲线，结果如图3-4所示。可以明显看出，随着浇铸温度的提高，｛001｝取向晶粒不断增加，｛011｝和｛111｝取向晶粒不断减少。

表 3-2　不同取向晶粒所占的面积

浇铸温度/℃	〈001〉//ND	〈011〉//ND	〈111〉//ND
1550	0.138	0.188	0:094
1555	0.157	0.160	0.083
1560	0.251	0.113	0.066

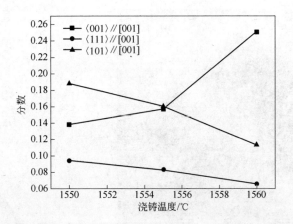

图 3-4 浇铸温度对不同取向面积比例的影响

总的来说，随着浇铸温度的提高，〈111〉//ND 和〈011〉//ND 取向的晶粒数量上逐步减少，晶粒尺寸变化不大，所占的面积不断减小；〈001〉//ND 取向的晶粒尺寸明显增加，所占的面积逐步增加。

图 3-5 ~ 图 3-7 分别给出了三个工艺试样全厚度方向面扫得到的 ODF 图。1550℃浇铸时薄带织构的取向密度很低，$f(g) = 2.261$，在 $\varphi_2 = 45°$ ODF 截面

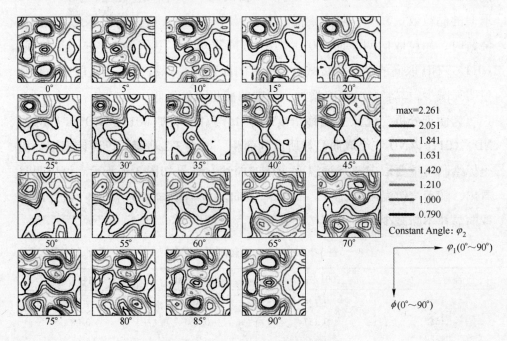

图 3-5 1550℃浇铸时薄带的 ODF 图

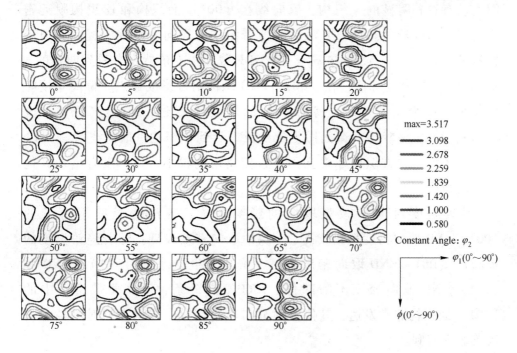

图 3-6 1555℃浇铸时薄带的 ODF 图

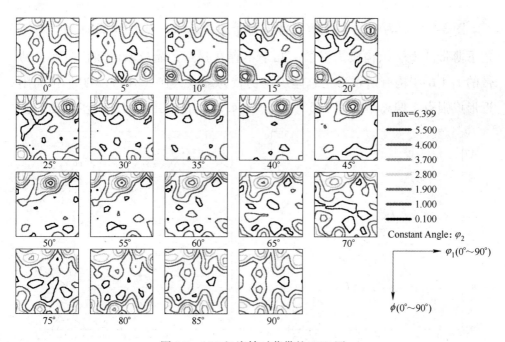

图 3-7 1560℃浇铸时薄带的 ODF 图

图上没有看到明显的 γ 织构，取向线在 {001} 面织构和 α 织构附近密集，偏离角度较大。1555℃浇铸时薄带织构的取向密度有所提高，但依旧较低，$f(g) = 3.517$，在 $\varphi_2 = 45°$ ODF 截面图上依然没有看到明显的 γ 织构，α 织构密度降低，在 $\langle 001 \rangle$//ND 织构附近形成强点，偏离角度略微减小。1560℃浇铸时，薄带织构的取向密度进一步提高，$f(g) = 6.399$，在 $\varphi_2 = 45°$ODF 截面图上依然没有看到 γ 织构，取向线沿 {001} 面织构密集，立方织构非常强烈，且偏离角度较小，几乎没有出现其他类型的织构。

浇铸温度对薄带微观取向的影响较大，各浇铸温度下薄带的 $\langle 001 \rangle$//ND 取向密度都比较高、γ 织构取向密度较低。随着浇铸温度的提高，$\langle 001 \rangle$//ND 取向密度提高，偏离角度减小，而 $\langle 110 \rangle$//ND 和 $\langle 111 \rangle$//ND 取向密度不断降低。1560℃浇铸条件下，薄带组织中的 {001} 面织构非常发达，其他取向分布非常漫散，织构类型对磁性能的改善非常有利。

3.2.3 宏观织构

图 3-8 所示为 1550℃浇铸条件下薄带组织的 $\varphi_2 = 0°$ODF 截面图。该工艺下薄带的表层织构极为漫散，几乎不存在强点，晶粒取向随机分布。薄带的 1/4 层织构有所增强，总体织构仍较为漫散，在 (010)[100] 位向附近形成强点，偏离角度小于 5°，$f(g) = 4.38$。中心层织构进一步强化，在

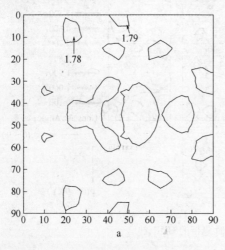
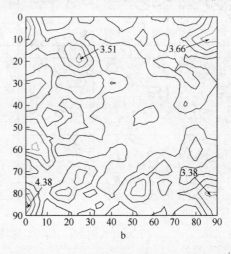

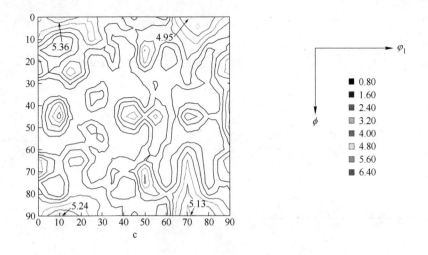

图 3-8 1550℃浇铸条件下薄带的 $\varphi_2 = 0°$ ODF 截面图

a—0H；b—1/4H；c—1/2H

（001）面织构取向线和（010）面织构取向线上分别形成两处强点，都位于 $\varphi_1 = 10°$ 和 $\varphi_1 = 70°$ 位置上，取向密度值在 4.95~5.36 之间，｛001｝面织构比较发达。

图 3-9 所示为 1550℃浇铸条件下薄带组织的 $\varphi_2 = 45°$ ODF 截面图。该工艺下薄带表层的织构极为漫散，几乎不存在强点，晶粒取向随机分布。薄带的 1/4 层织构有所增强，取向线沿 ｛001｝面织构取向线密集，偏离角度较大，强点取向密度值 $f(g)_{max} = 4.24$。中心层织构进一步强化，在 ｛100｝取向线上形成两处强点，分别位于 $\varphi_1 = 25°$ 和 $\varphi_1 = 55°$ 位置，取向密度值分别为 4.95、5.36，在偏离 Goss 织构 10° 的位置也形成一处强点，$f(g) = 6.34$。

由图 3-8 和图 3-9 所示的 $\varphi_2 = 0°$ 和 $\varphi_2 = 45°$ ODF 截面图可以明显看出，1550℃浇铸条件下薄带组织在厚度方向存在织构分布梯度，织构由表层到中心层逐渐加强。对比铸带组织晶粒微观取向，该工艺下，表层组织为激冷形成的细小晶粒，晶粒取向随机分布，因此表层宏观织构极为漫散，几乎不存在强点。另外，由于浇铸温度较低，温度梯度对晶粒生长的影响不大，织构发展到中心层才得以体现。

图 3-10 所示为 1570℃浇铸条件下薄带组织的 $\varphi_2 = 0°$ ODF 截面图。该工艺

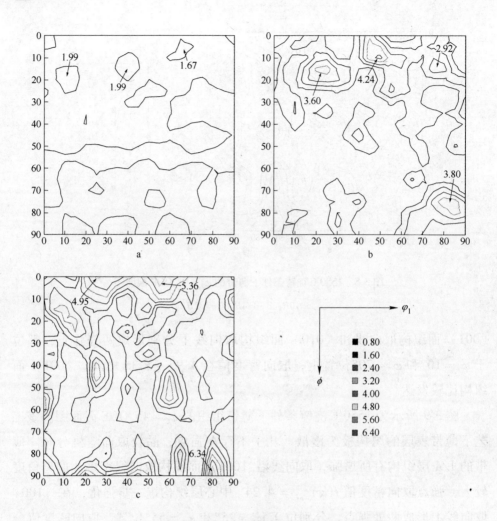

图 3-9 1550℃浇铸条件下薄带的 $\varphi_2 = 45°$ODF 截面图

a—0H；b—1/4H；c—1/2H

下薄带的表层织构相比 1550℃浇铸条件下薄带的表层织构有所增强，沿 $\{001\}$ 面织构取向线形成三处强点，分别位于 $\varphi_1 = 25°$ 和 $\varphi_1 = 75°$ 位置，偏离角度较大，$f(g)_{max} = 3.78$；在 $\{110\}\langle 001 \rangle$ Goss 织构附近也形成一处强点，取向密度 $f(g) = 3.58$。薄带的 1/4 层织构比表层更强，在 $\varphi_2 = 0°$ODF 截面图上形成四处强点，取向密度值在 4.40~6.32 之间。薄带中心层织构的取向密度没有进一步增加，在 $\varphi_2 = 0°$ODF 截面图上出现两处强点，分别位于（001）[010] 和（010）[001] 附近，偏离角度较大。$f(g)_{max} = 4.89$。

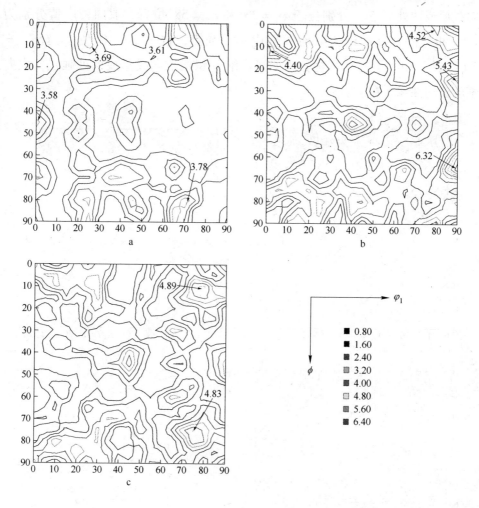

图 3-10　1570℃浇铸条件下薄带的 $\varphi_2 = 0°$ ODF 截面图

a—0H；b—1/4H；c—1/2H

图 3-11 所示为 1570℃浇铸条件下薄带组织的 $\varphi_2 = 45°$ ODF 截面图。该工艺下薄带表层织构较强，取向线密集在 {001} 织构和 α 织构取向线附近，沿 {001} 取向形成两处强点，分别位于 $\varphi_1 = 20°$ 和 $\varphi_1 = 70°$ 位置，沿 α 取向线形成两处强点，分别位于 $\varphi = 5°$ 和 $\varphi = 78°$ 位置，以上四处强点的取向密度均在 3.0 ~ 4.0 之间。此外，在 {110}⟨001⟩ 附近也形成一处强点，$f(g) = 3.78$。薄带的 1/4 层织构相比表层略有加强，取向线沿 {100} 面织构、α 织构和 (110) 面织构密集，其他类型的织构比较弱。薄带中心层沿 {001} 取

向线形成两处强点，分别位于 $\varphi_1 = 33°$ 和 $\varphi_1 = 58°$ 位置，取向密度值分别为 4.52 和 3.99，沿 α 织构取向线形成一处强点，位于 $\varphi = 10°$ 位置，$f(g) = 5.67$。薄带中心层的 γ 织构较为明显，沿 γ 织构取向线形成两处强点，取向密度值均在 4.5 左右。

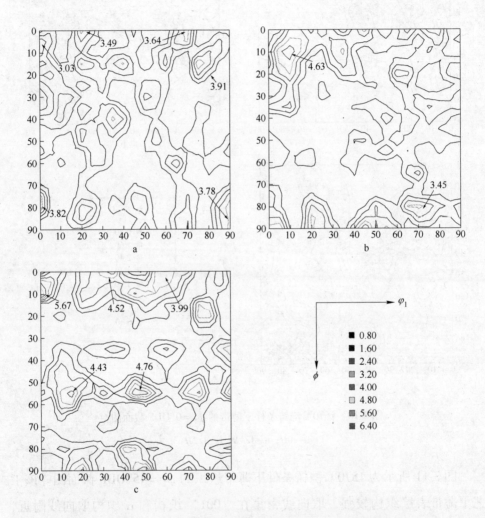

图 3-11　1570℃浇铸条件下薄带的 $\varphi_2 = 45°$ ODF 截面图

a—0H；b—1/4H；c—1/2H

由图 3-10 和图 3-11 所示的 $\varphi_2 = 0°$ 和 $\varphi_2 = 45°$ ODF 截面图可以明显看出，1570℃浇铸条件下薄带组织在厚度方向没有形成明显的织构分布梯度，织构由表层到 1/4 层强度增加，到中心层强度变化不大。由于浇铸温度较高，铸带表层晶粒生长受温度梯度的影响加大，因此表层形成了较强的 {100} 面织构。该工艺下薄带中心层的 γ 织构较为明显，铸轧过程中，中心层的变形量较大，晶粒由 ⟨001⟩∥ND 位向向 ⟨001⟩∥ND 位向转动，使得组织中积累了一定量的 γ 织构。

　　综上所述，薄带的宏观织构受浇铸温度的影响较大。浇铸温度较低时，织构总体强度较低，沿厚度方向形成织构梯度，表层织构趋向于随机分布，中心层 {100} 面织构较强。这种现象可能是由于浇铸温度低时，温度梯度对铸带织构的影响不明显，到中心层才得以体现。随着浇铸温度的提高，表层到中心层的 {100} 织构和 Goss 织构加强，偏离角度变小。另外，中心层还出现了较为明显的 γ 织构。这种现象可能是由于浇铸温度提高时，晶粒长大受温度梯度的影响加大，{100} 取向晶粒增加，而中心层由于在铸轧过程中变形量较大，晶粒位向由 ⟨001⟩∥ND 向 ⟨111⟩∥ND 偏转造成的。

3.2.4　力学性能分析

　　铸带的力学性能对后续冷加工有很大的影响。为了研究浇铸温度对铸带力学性能的影响，对铸带进行了拉伸试验，试验结果如表 3-3 所示。参照铸带 A 进行过多次冷轧和热处理，实践证明其力学性能能够满足后续冷加工的要求。A 的拉伸曲线如图 3-12a 所示，其应力-应变曲线比较平滑，铸带的性能相对稳定。A 试样屈服强度较低，且没有明显的屈服点和屈服平台，试样发生屈服后，经过长时间的塑性变形才发生断裂，塑性变形段较长。

表 3-3　不同浇铸温度下铸带的力学性能

浇铸温度/℃	屈服强度/MPa	抗拉强度/MPa	断裂总伸长率/%
A	192	320	35.5
1550	225	355	60.5
1560	162	325	56.5
1570	156	280	38

　　薄带铸轧时，随着浇铸温度的提高，铸带的屈服强度和抗拉强度都降低。公式（3-1）所示为经典的霍尔-佩奇（Hall-Petch）公式，它阐述了晶粒尺寸对屈服强度的影响。

$$\sigma_s = \sigma_0 + Kd^{-1/2} \tag{3-1}$$

式中　σ_0——单晶体的屈服强度;

　　　K——晶界对变形的影响系数;

　　　d——平均晶粒尺寸。

很明显,随着平均晶粒尺寸的减小,屈服强度增加,此即著名的细晶强化理论。

晶粒越细,单位体积内晶界和亚晶界的面积越大,变形阻力增加,金属的强度提高,表现在本次试验中,细晶试样的抗拉强度会有所提高。另外,晶粒尺寸小,晶粒内空位数量和位错数量少,位错与空位、位错间的弹性交互作用机会少,位错更易于运动,材料的塑性性能得以改善,表现在本次试验中,细晶试样的伸长率会有所增加。对比不同浇铸温度下铸带的金相组织,不难发现,随着浇铸温度提高,晶粒长大,晶界减少。因此,屈服强度和抗拉强度的下降,以及伸长率的恶化,是由晶粒的长大引起的。

图 3-12 所示为不同浇铸温度下铸带的拉伸曲线。各浇铸温度下试样的应

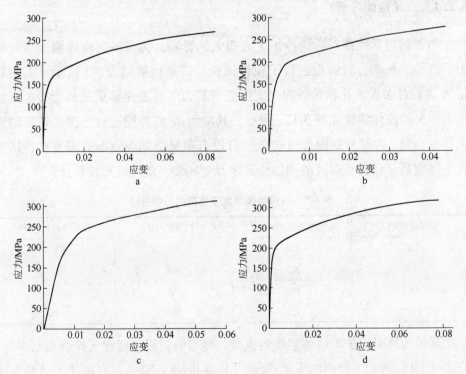

图 3-12　铸带拉伸应力-应变曲线
a—参照试样 A; b—1550℃浇铸; c—1560℃浇铸; d—1570℃浇铸

力-应变曲线都比较平滑，薄带的屈服强度都比较低，没有明显的屈服点和屈服平台，从试样发生屈服到试样断裂要经过较长时间，塑性变形段较长。对比 A 试样，薄带的性能均满足后续冷加工的要求。

3.3 铸轧条件对薄带成品的影响

铸轧生产 1.5mm 厚中牌号无取向硅钢，与传统冷轧坯料相比，带厚减薄了 1.0mm 以上，这可能对成品的组织、织构和磁性能造成较大的影响。为了研究薄带成品的性能，本实验以 3.2 节中不同铸轧工艺的薄带作为冷轧坯料，在实验室四辊可逆式轧机上冷轧至 0.5mm，经 950℃×5min 干气氛退火，对成品的组织、织构和磁性能进行了检测。

3.3.1 显微组织分析

图 3-13 所示为不同浇铸温度下薄带成品的金相组织，随着浇铸温度的提高，成品晶粒平均尺寸增大。1550℃浇铸条件下，成品组织为较规则的多边形铁素体组织，晶粒尺寸较小，组织比较均匀。1570℃浇铸条件下，成品组织仍然是较规则的多边形铁素体组织，细小的铁素体晶粒有所减少，平均晶粒尺寸较大，组织均匀性一般。

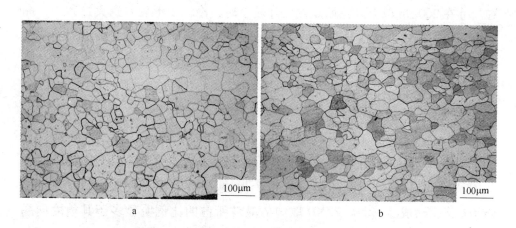

图 3-13　不同浇铸温度下薄带成品的微观组织

a—1550℃；b—1570℃

图 3-14 给出了薄带成品的晶粒尺寸分布图。在整个面扫区域内，1550℃浇铸条件下成品最大晶粒尺寸为 89μm，最小尺寸为 8μm，平均晶粒尺寸为

38μm，晶粒尺寸范围较小，大晶粒所占的面积很小，组织比较均匀。1570℃浇铸条件下成品的最大晶粒尺寸为119μm，最小尺寸为9μm，平均晶粒尺寸为51μm，晶粒尺寸范围不大，组织均匀性一般。1570℃浇铸时成品的平均晶粒尺寸明显大于1550℃浇铸时的成品，在此晶粒尺寸范围内，增大晶粒尺寸有利于降低铁损。

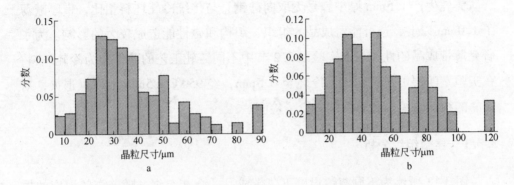

图3-14 不同浇铸温度下薄带成品的晶粒尺寸分布图
a—1550℃；b—1560℃

对比薄带的原始组织发现，1550℃浇铸条件下，薄带晶粒较为细小，平均晶粒尺寸在80μm左右；1570℃浇铸条件下，薄带晶粒比较粗大，平均晶粒尺寸在200μm以上。原始晶粒尺寸较小时，冷轧变形后的退火过程中，晶粒的形核地点较多，成品晶粒尺寸偏小。反之，原始晶粒尺寸较大时，冷轧变形后的退火过程中，由于形核地点较少，再结晶晶粒数量较少，成品晶粒尺寸偏大。

3.3.2 微观取向分析

图3-15为薄带成品全厚度方向的晶粒微观取向分布图。1550℃浇铸时成品的晶粒取向基本上是随机的，整个厚度方向上没有明显的织构梯度。1570℃浇铸时成品〈001〉//ND取向的晶粒所占的比例明显多于其他取向晶粒，〈011〉//ND取向的晶粒多分布在次表层附近，较为集中。

图3-16所示为薄带成品全厚度方向的ODF图，1550℃浇铸时成品的织构较弱，取向密度很低，$f(g)_{max}$ = 3.439，峰值靠近$\{011\}\langle011\rangle$。1570℃浇铸时，成品的立方织构非常强，$f(g)_{max}$ = 6.746，其他类型织构都比较弱，且没

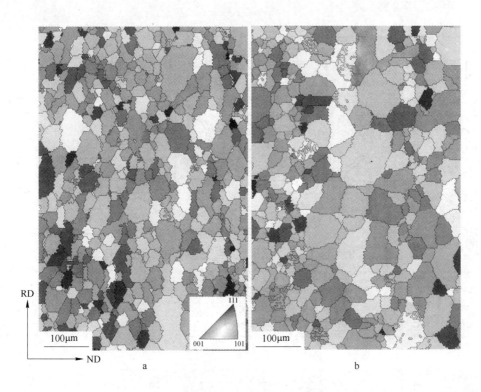

图 3-15 薄带成品的微观晶粒取向

a—1550℃浇铸；b—1570℃浇铸

有形成明显的 γ 织构。在 $\varphi_2 = 45°$ 截面上可以明显看出，取向线集中在 {001}⟨010⟩ 周围，且密度很高；在 $\varphi_2 = 0°$ 截面上也可以看到，取向线集中在四个角上，即 (001)[100]、(001)[010]、(010)[001]、(010)[100] 取向，对无取向硅钢磁性能的改善极为有利。

浇铸温度对成品组织微观取向的影响较大，随着浇铸温度的提高，{001} 织构增强，其他类型织构减弱。对比薄带组织和织构，可以推测铸轧薄带的晶粒尺寸和微观取向有较明显的遗传作用，提高浇铸温度可以增加温度梯度对凝固组织的影响，增大晶粒尺寸且改善铸带织构，进而得到更为理想的成品晶粒尺寸和织构。薄带生产成品过程中，由于冷轧压下量减小，晶粒的偏转角度降低，铸带中的 {001} 面织构得到更大程度的保留，因此成品的 {001} 织构非常突出，对纵横向磁感的提高和磁性能的改善有很大作用。

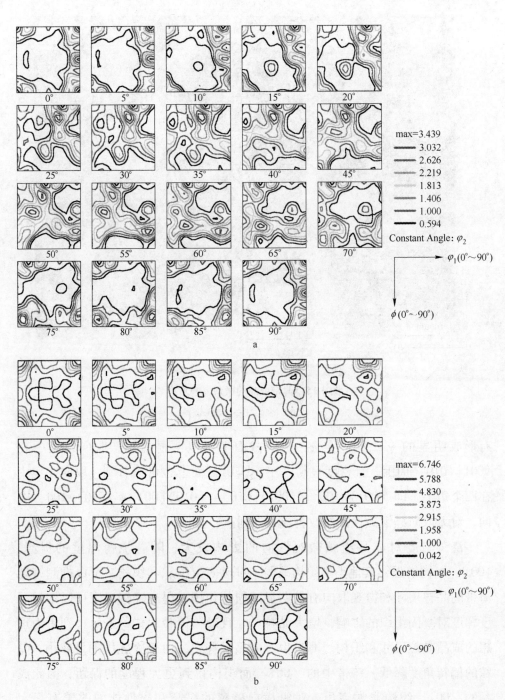

图 3-16 不同浇铸温度下薄带成品的 ODF 图

a—1550℃浇铸；b—1570℃浇铸

3.3.3 成品宏观织构分析

图 3-17 所示为1550℃浇铸条件下薄带成品的 $\varphi_2 = 0°$ODF 截面图。成品的总体织构较为漫散，整个厚度方向的取向密度最大值仅为 3.78。表层沿 η 织构取向线形成三处强点，分别位于 $\varphi = 30°$、$\varphi = 55°$和 $\varphi = 80°$位置，取向密度在 2.40 左右，其他方向织构非常漫散。成品 1/4 层沿 η 织构取向线也形成三处强点，分别位于 $\varphi = 5°$、$\varphi = 45°$和 $\varphi = 85°$位置，取向密度分别为 2.74、1.79 和 2.71，取向密度未见明显加强。成品中心层沿 η 织构取向线仅形成两

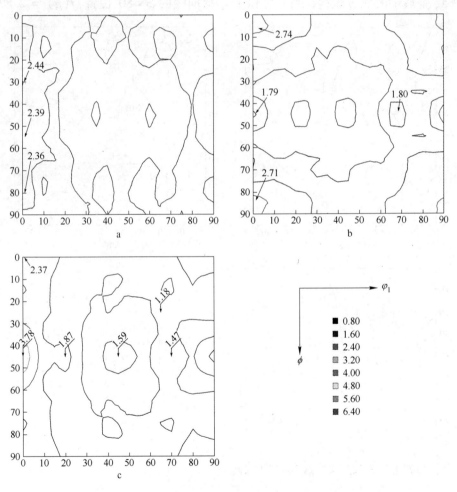

图 3-17　1550℃浇铸条件下成品的 $\varphi_2 = 0°$ODF 截面图

a—0H；b—1/4H；c—1/2H

处强点，分别位于 $\varphi = 0°$、$\varphi = 45°$ 位置，即（001）[100] 位向和（011）[100] 位向，取向密度分别为 2.37 和 3.78，其他类型织构均非常漫散。

图 3-18 所示为 1550℃浇铸条件下薄带成品的 $\varphi_2 = 45°$ODF 截面图。薄带成品的总体织构较为漫散，整个厚度方向的取向密度最大值仅为 3.78，这与图 3-17 得到的结论相一致。成品表层在 $\varphi_2 = 45°$ODF 截面图上仅形成两处强点，且明显偏离典型织构的取向线，取向密度 $f(g) = 3.15$ 和 $f(g) = 2.45$，其他类型织构的取向密度值均在 2.0 以下，非常漫散。成品 1/4 层在 $\varphi_2 = 45°$ODF 截面图上形成三处强点，其中一处位于（001）[010] 位向上，$f(g) = 2.65$，是典型的立方织构，另一处位于 α 取向线的 $\varphi = 80°$ 位置，$f(g) = 2.82$。

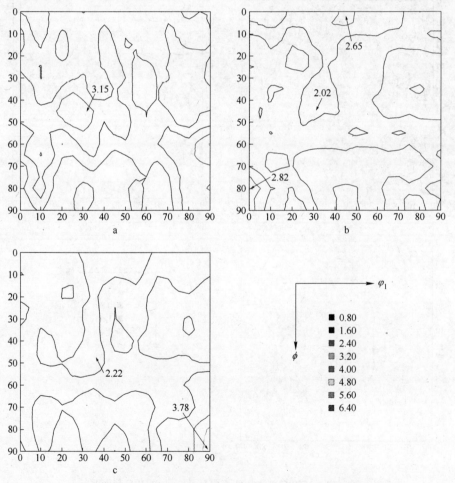

图 3-18　1550℃浇铸条件下薄带成品的 $\varphi_2 = 45°$ODF 截面图
a—0H；b—1/4H；c—1/2H

成品中心层在 $\varphi_2 = 0°$ODF 截面图上也形成了三处强点，其中一处位于 {001}取向线的 (001)[010] 位向处，$f(g) = 2.37$，另一处位于 (110)[001] Goss织构处，$f(g) = 3.78$。

由图 3-17 和图 3-18 所示的 $\varphi_2 = 0°$ 和 $\varphi_2 = 45°$ODF 截面图可以明显看出，1550℃浇铸条件下薄带成品的织构总体较为漫散，织构在整个厚度方向的变化不大。薄带成品的 η 织构和立方织构较强，最强点位于 (011)[100] 位向处，其他类型的织构均非常弱，趋向于随机分布。

图 3-19 所示为 1570℃浇铸条件下薄带成品的 $\varphi_2 = 0°$ODF 截面图。薄带成

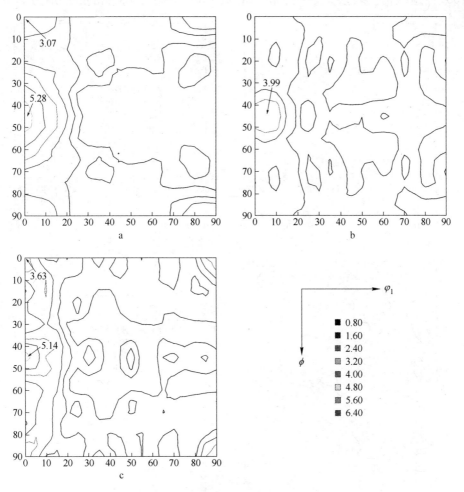

图 3-19　1570℃浇铸条件下成品的 $\varphi_2 = 0°$ODF 截面图

a—0H；b—1/4H；c—1/2H

品由表层到中心层均形成了较强的 {110}⟨001⟩ Goss 织构，表层、1/4 层和中心层的取向密度分别为 5.28、3.99、5.14，1/4 层取向密度略低。表层和中心层分别在 （001）[100] 位向处形成强点，取向密度值分别为 3.07 和 3.63。另外，成品由表层到中心层，取向线在 $\varphi_2 = 0°$ODF 截面图的四个角上都有一定程度的密集，特别是中心层，这一密集趋势更加明显，说明成品在整个厚度方向上都存在较强的立方织构。

图 3-20 所示为 1570℃浇铸条件下薄带成品的 $\varphi_2 = 45°$ODF 截面图。薄带成品在整个厚度方向上均形成了强烈的 {110}⟨001⟩ Goss 织构和较强的 {001} 面织构。表层、1/4 层和中心层 Goss 织构的取向密度分别为 5.28、

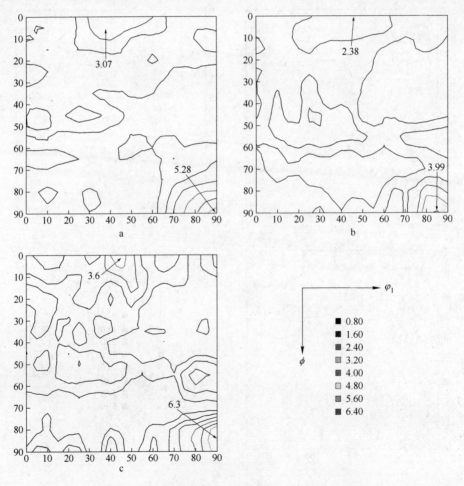

图 3-20　1570℃浇铸条件下成品的 $\varphi_2 = 45°$ODF 截面图

a—0H；b—1/4H；c—1/2H

3.99、6.39，其中 1/4 层取向密度略低，此结果与 $\varphi_2 = 0°$ODF 截面图相一致。表层、1/4 层和中心层 {001} 面织构的取向密度分别为 3.07、2.38、3.63，其中 1/4 层取向密度略低。

由图 3-19 和图 3-20 所示的 $\varphi_2 = 0°$ 和 $\varphi_2 = 45°$ODF 截面图可以明显看出，1570℃浇铸条件下薄带成品的织构在整个厚度方向的变化不大，由表层到中心层均形成了强烈的 Goss 织构和较强的 {001} 面织构，其他类型的织构均非常漫散。

薄带成品的织构总体较为漫散，在厚度方向上没有形成明显的织构梯度。浇铸温度对薄带成品织构的影响比较明显，低温浇铸时，取向线沿 η 织构取向线密集，Goss 织构较强；提高浇铸温度，成品组织的 Goss 织构加强的同时，还形成了较强的 {001} 面织构。

图 3-21 所示为不同工艺下成品的 $\varphi_2 = 45°$ODF 截面图。双辊铸轧生产无取向硅钢，其成品中心层织构类型主要为 {001} 面织构、Goss 织构和 γ 织构，不同工艺下三种织构组分的强度不同。1550℃浇铸条件下，2.5mm 铸带冷轧退火后，中心层 {001} 面织构、Goss 织构和 γ 织构的强度相当。1550℃浇铸条件下，1.5mm 薄带冷轧退火后，中心层织构弱化，γ 织构的强度较低。1570℃浇铸条件下，1.5mm 薄带冷轧退火后，中心层没有出现明显的 γ 织构，{001} 面织构和 Goss 织构较强。

薄带成品与厚带相比，γ 织构的强度明显降低。厚带生产成品的过程中，冷轧压下量较大，晶粒组织由 {001} 位向向 {111} 位向偏转，积累了一定量的 γ 织构，故其成品中 γ 织构非常明显。薄带生产成品的过程中，由于冷轧压下量减小，晶粒的偏转角度降低，从而减少了退火后的有害织构 γ 的量，使得铸带中的 {001} 面织构得到更大程度的保留，对纵横向磁感的提高和磁性能的改善有很大作用。

3.3.4 成品磁性能

表 3-4 所示为不同工艺下铸带直接冷轧，在 30% $H_2 + N_2$ 保护气氛中退火 950℃×5min 后，成品纵横向的磁性能。相同浇铸温度下，出带厚度对成品性能有一定的影响，减薄铸带厚度使得铁损有所降低，纵向磁感小幅下降，

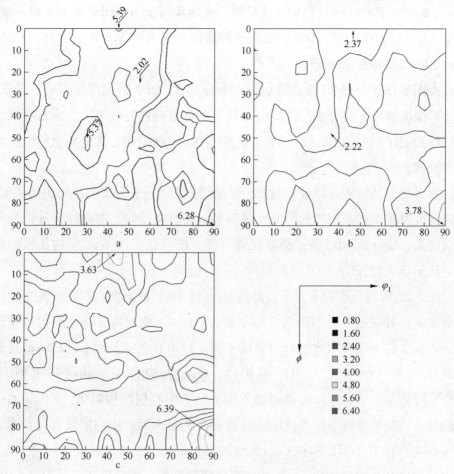

图 3-21　不同工艺下成品的 $\varphi_2 = 45°$ODF 截面图

a—0H；b—1/4H；c—1/2H

但横向磁感变化不大。相同出带厚度下，不同浇铸温度对磁性能的影响比较明显，提高浇铸温度使得铁损大幅降低，磁感有所升高。同等水平原始组织条件下，减薄出带厚度使得铁损大幅度降低，纵向磁感变化不大，但横向磁感有所提高。

表 3-4　不同工艺成品的磁性能

工艺	RD1		RD2		TD1		TD2	
	$P_{15/50}/W \cdot kg^{-1}$	B_{50}/T	$P_{15/50}/W \cdot kg^{-1}$	B_{50}/T	$P_{15/50}/W \cdot kg^{-1}$	B_{50}/T	$P_{15/50}/W \cdot kg^{-1}$	B_{50}/T
厚带 1550℃	5.772	1.797	5.439	1.806	5.812	1.742	5.913	1.737
薄带 1550℃	5.451	1.781	5.056	1.786	5.672	1.740	5.725	1.727
薄带 1570℃	4.519	1.800	4.392	1.796	4.789	1.761	4.904	1.752

为了对比成品的各向异性，对纵横向磁感和铁损分别取平均值后，做了纵横向磁性能差值的对比，如表3-5所示。1570℃浇铸条件下，成品横纵向的磁感差值较小。

表3-5 不同工艺成品的各向异性

工 艺	磁感平均值 B_{50}/T		
	RD	TD	差 值
2.5mm 铸带 1550℃	1.802	1.740	0.062
1.5mm 铸带 1550℃	1.784	1.734	0.050
1.5mm 铸带 1570℃	1.798	1.757	0.041

双辊铸轧生产1.3% Si无取向硅钢过程中，减薄铸带厚度可以减小冷轧压下量，降低晶粒的偏转角度，减少有害织构的积累，进而提高磁感。由于铸带中的 {001} 面织构得到较大程度的保留，成品的纵横向磁感差值下降，磁各向异性降低。另外，薄带初始组织较粗大的情况下，减薄出带厚度可减小冷轧压下量，降低冷轧变形储能，减少成品退火过程中再结晶形核地点，进而增加再结晶晶粒尺寸，降低铁损。

3.4 析出物的形貌特征

无取向硅钢中，析出物对成品晶粒尺寸和磁性能有很大的影响。析出物的存在，会造成晶粒畸变、位错、空位等晶体缺陷，进而产生内应力，加之钢中的析出物一般都是非磁性或弱磁性的，因此它们的存在使得磁化阻力增加、矫顽力增加，从而增加了磁滞损耗。析出物的影响程度与其数量、形状和弥散程度有关，析出物越细小越弥散，对无取向硅钢磁性能的影响程度越大，因此应该合理控制析出物的形态和分布。

3.4.1 铸带析出物的分析

图3-22给出了1550℃浇铸条件下，2.5mm空冷铸带中的析出物形貌和能谱。空冷铸带在透射电镜下观察到的析出物为长方形的 AlN 和椭圆形的 MnS。AlN 析出物长度在200nm左右，析出尺寸较大，析出数量较少，一般几个视野中才能观察到一个。MnS 析出物的尺寸在50nm左右，析出尺寸较小，析出数量较多，一般一个视场中能观察到一个。

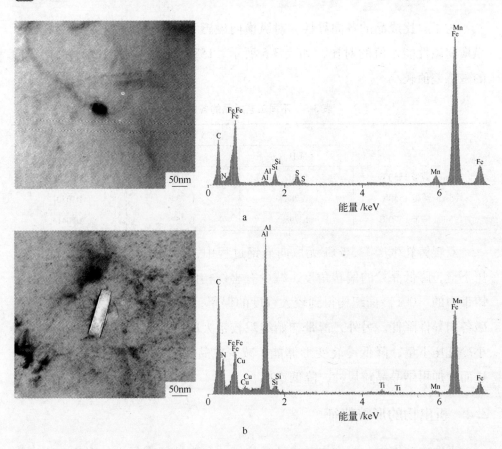

图 3-22 空冷铸带中的析出物和能谱

a—MnS；b—AlN

图 3-23 所示为 1550℃浇铸条件下，水冷铸带析出物的形貌和能谱。水冷

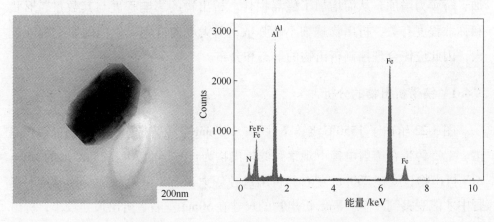

图 3-23 水冷铸带中的析出物形貌和能谱

铸带在透射电镜下观察到的析出物均为长方形或多边形的 AlN，析出数量较少，析出宽度在 400nm 以上，非常粗大，没有观察到细小的 MnS 析出。

AlN 在 γ-Fe 中的溶解度是 α-Fe 的 9 倍。受水冷的影响，铸带的冷却过程避开了 γ 相区，AlN 没有充分固溶到基体中。空冷铸带在 γ 相区的停留时间较短，AlN 也没有充分固溶。凝固初期组织中形成的 AlN 不断长大，在铸轧过程中由于压下量较小，没有充分破碎，因此形成了较大的 AlN 析出。该尺寸的析出物对后续的冷轧和再结晶过程中晶粒的长大没有明显的抑制作用。

3.4.2 薄带析出物分析

铸带减薄对析出物的尺寸和类型有一定的影响，图 3-24 为 1550℃浇铸条

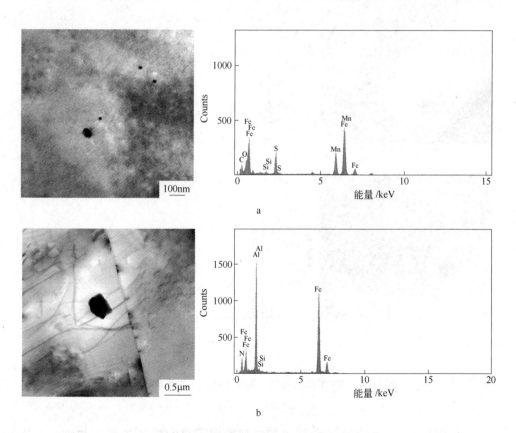

图 3-24　1550℃浇铸条件下薄带中的析出物形貌和能谱

a—MnS；b—AlN

件下，1.5mm 薄带组织中的析出物和能谱。在与 2.5mm 厚带同样的浇铸条件下，减薄出带厚度使得带中出现了细小的椭圆形 MnS 析出，尺寸在 20～30nm 之间，析出数量较多，一般一个视野中可以观察到 3～5 个细小的圆形或椭圆形粒子。AlN 析出的尺寸以 100nm 左右居多，少数部分达到 400nm，较细的 AlN 析出有聚集倾向，粗大 AlN 析出比较分散。与 2.5mm 厚带相比，薄带析出物的尺寸下降，且出现了细小弥散的 MnS。

图 3-25 所示为 1570℃浇铸条件下薄带中的析出物形貌和能谱，其中细小的 MnS 析出仍然存在，尺寸在 20～40nm 之间，数量相对较少；AlN 析出尺寸在 200～500nm 之间，较为粗大，数量较少，分布较为分散。

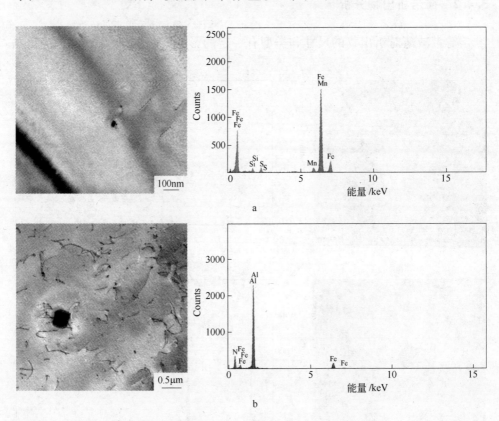

图 3-25　1570℃浇铸条件下薄带中的析出物形貌和能谱

a—MnS；b—AlN

薄带铸轧时，各浇铸温度下铸带中都发现了粗大的 AlN 析出和细小的椭圆形 MnS 析出。AlN 析出尺寸在 100nm 以上，对晶粒长大的抑制作用不明显。MnS 析出尺寸在 50nm 以下，对晶粒长大有一定的抑制作用，应加以控制。

3.4.3 成品析出物分析

本节研究了常化和热平整处理后成品的析出物，对应的前处理工艺分别是：（1）1000℃×5min 常化＋一道次热平整；（2）900℃×5min 常化＋一道次热平整；（3）800℃×5min 常化＋一道次热平整；（4）铸带直接冷轧。图 3-26～图 3-29 为成品组织中的析出物形貌和能谱，不同前处理工艺下成品中析出物的种类、形貌类似，以细小的椭圆或圆形的 MnS 析出和粗大的长方形或多边形的 AlN 析出为主，但在尺寸上差别较大。

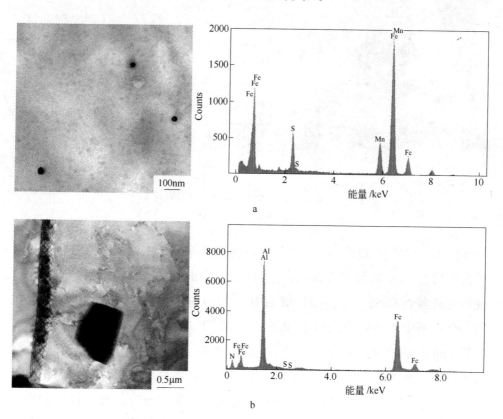

图 3-26　工艺（1）成品中的析出物形貌和能谱

a—MnS；b—AlN

由图 3-26～图 3-28 可知，在经过常化和热平整处理后的成品组织中，

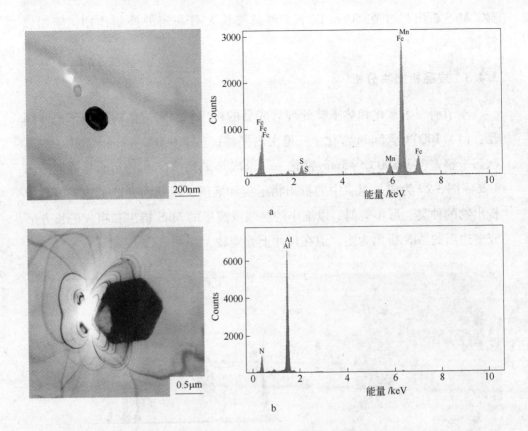

图 3-27　工艺（2）成品中的析出物形貌和能谱

a—MnS；b—AlN

MnS 析出的尺寸在 30～180nm 之间，在整个基体组织中均匀弥散分布。其中工艺（1）、（2）成品中以 30nm 左右的细小析出为主，数量较多，一般一个视场内有多个 MnS；工艺（3）成品中以 40nn 左右为主，数量略少，很少在同一个视场中出现两个或以上 MnS。AlN 析出的尺寸在 400～1100nm 之间，以 700nm 左右的粗大析出为主，析出数量较少。工艺（1）、（2）组织中，粗大的 AlN 在基体组织中均匀分布，一般一个视场内最多能观察到一个 AlN 析出，而工艺（3）组织中粗大的 AlN 在某些位置集中分布，能观察到 AlN 的视场中一般同时出现 2～3 个粗大的长方形析出，出现了较为明显的集聚现象。

图 3-29 所示为铸带直接冷轧退火后，成品组织中析出物的形貌和能谱。MnS 析出的尺寸在 20～40nm 之间，较为细小，但数量不多，少数视场中能观

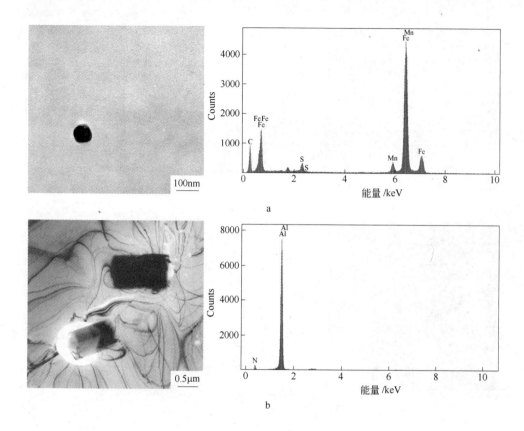

图3-28 工艺（3）成品中的析出物形貌和能谱

a—MnS；b—AlN

察到2～3个MnS。AlN析出的尺寸在80～150nm之间，以100nm左右为主，一般是几个AlN叠在一起，呈团状聚集析出，数量较多，很多视场中都可以观察到多个AlN或AlN团聚群。

各处理条件下的成品组织中都存在细小的MnS析出和粗大的AlN析出。铸带在经过冷轧压下后，由于变形量较大，位错在组织中大量聚集，随后的退火过程中，MnS析出在位错聚集处形核长大，且形核地点较多，因此MnS析出尺寸较小，在基体组织中的位置较为分散。成品组织中的AlN形貌和尺寸与铸带中的差别不大，成品组织中的AlN粗大析出是在铸轧过程中形成的，在后续的冷轧和热处理过程中没有明显的变化。

铸带常化和热平整工艺对成品析出物尺寸和数量有一定的影响，低温常化和热平整可以减少MnS的析出数量。

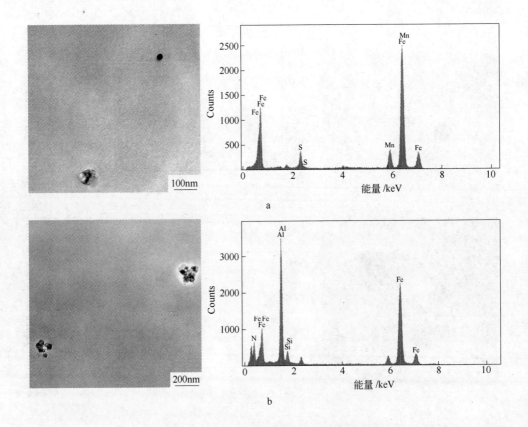

图 3-29　工艺（4）成品中的析出物形貌和能谱

a—MnS；b—AlN

3.5　本章小结

本章主要探讨了浇铸条件对双辊铸轧生产 1.3% Si 中牌号无取向硅钢薄带铸带组织、织构及成品组织、性能的影响，主要结论如下：

（1）提高浇铸温度可以减薄铸带厚度、增加晶粒尺寸、均匀铸带组织。1570℃温度下浇铸得到的铸带晶粒较大，组织均匀，塑性较好，能够满足后续冷轧的性能要求。

（2）各浇铸温度下 γ 织构都很弱，提高浇铸温度有利于改善铸带织构，提高〈001〉∥ND 取向的占有率，减少〈111〉∥ND 取向的占有率。1560℃浇铸时铸带组织的 {100} 织构发达，γ 织构很弱，对磁性能的改善有利。

（3）减薄铸带厚度可以减小冷轧压下量，从而降低晶粒的偏转角度，减少有害织构的积累，更大程度地保留铸带中的 {001} 织构，提高成品的磁感，降低磁各向异性。在薄带组织粗大的情况下，降低冷轧压下量可以减少冷轧储能，减少成品退火过程中的再结晶形核地点，进而增加晶粒尺寸，降低铁损。1570℃浇铸条件下，成品的铁损较低、磁感较高，综合磁性能达到了高效电机用钢的要求，且磁各向异性有所降低。

（4）各浇铸条件和二次冷却条件下，铸带中都析出了粗大的 AlN，尺寸在 100nm 以上，在后续冷轧和热处理过程中，粗大 AlN 的形貌和尺寸变化不大，对再结晶晶粒长大没有明显的抑制作用。空冷厚带、1.5mm 薄带以及成品组织中均出现了椭圆形或圆形的 MnS 析出，析出尺寸较小，在整个基体中弥散分布，对凝固后铸带和成品再结晶晶粒长大有一定的抑制作用。

4 低温取向硅钢的组织与织构

4.1 引言

取向硅钢沿轧制方向具有高磁感、低铁损的优良磁性能，主要用于各种变压器的铁芯，是电力电子和军事工业中不可缺少的重要软磁合金[1]。取向硅钢根据磁感的不同可以分为普通取向硅钢（CGO）和高磁感取向硅钢（Hi-B），CGO 钢均采用两阶段冷轧 + 中间退火工艺，而 Hi-B 钢多采用一阶段冷轧工艺[55]。已有研究结果表明[56]：初次再结晶的组织与织构能够显著影响高斯晶粒二次再结晶的发展，而冷轧工艺又是形成初次再结晶组织与织构的关键因素之一。另外，传统工艺采用的高温板坯加热技术生产取向硅钢需要把铸坯加热到 1350 ~ 1400℃，以实现抑制剂（AlN、MnS）的完全固溶，如此高的加热温度带来了能耗高、成材率低等一系列的缺点，而采用以 Cu_2S 为主抑制剂的含铜取向硅钢能够把铸坯加热温度降低到 1300℃ 以下，显著降低生产成本，因此成为近年来国际上的研究热点[53]，而目前国内仅有武钢、宝钢、钢铁研究总院等有相关文献报道[55,58]。

本实验中，作者通过 EBSD 技术对两种不同冷轧工艺条件下初次再结晶的组织、织构进行了表征，重点研究了高斯织构以及特征晶界的分布规律。

4.2 实验材料和实验方法

实验选用工业含铜取向硅钢热轧板为原料，主要化学成分（质量分数）为 C 0.04% ~ 0.06%，Si 3.0% ~ 3.2%，Mn 0.18% ~ 0.22%，P 0.005% ~ 0.008%，S 0.01% ~ 0.012%，Al 0.020% ~ 0.027%，Cu 0.02% ~ 0.5%，N 0.008% ~ 0.01%，余量为 Fe。实验工艺流程为：2.4mm 热轧板经 1050℃ 保温 7min 常化后，酸洗去除氧化铁皮，方案 A 为直接冷轧至 0.35mm；方案 B 为一次冷轧至 1mm，在 830℃ 保温 4min 进行中间退火，二次冷轧至 0.35mm。

两种方案的冷轧板均在 850℃ 保温 5min 进行脱碳退火，退火气氛为 75% H_2 + 25% N_2，露点控制在 35 ~ 45℃。脱碳退火板以 20℃/h 缓慢升温到 1150℃ 进行二次再结晶退火。冷轧及退火实验分别在东北大学轧制技术及连轧自动化国家重点实验室四辊可逆式冷轧机及保护气氛退火炉内完成。将两种方案的脱碳退火板分别磨到 1/10、1/4、1/2 层，进行电解抛光，抛光电解液成分为 50mL $HClO_4$ + 750mL C_2H_5OH + 140mL H_2O，电解电压为 20V，电流为 0.8 ~ 1.2A。使用安装在 FEI Quanta 600 扫描电子显微镜上的 OIM 4000 EBSD 系统对电解试样进行衍射花样采集和数据分析。计算特定取向晶粒的体积分数时偏差角设定 10°。本实验采用 MATA 磁性材料自动测试系统 V4.0 进行磁性能检测。

4.3 结果与讨论

4.3.1 初次再结晶的组织分析

图 4-1 示出了两种不同冷轧工艺脱碳退火后表层、次表层和中心层的再结晶组织。由图 4-1 可知，沿厚度方向，晶粒分布比较均匀，但在不同厚度处，均存在少量晶粒尺寸明显变大现象。图 4-2 为其对应的晶粒尺寸分布，一阶段冷轧脱碳退火后表层 20μm 的晶粒最多，体积分数为 11%，且 30 ~ 40μm 的大晶粒数目也较多，平均尺寸为 22.5μm；次表层 10 ~ 20μm 的晶粒最多，30 ~ 40μm 的大晶粒明显减少，平均晶粒尺寸为 18μm；中心层的小晶粒体积分布明显增大，大于 30μm 的晶粒很少，晶粒分布比较均匀，平均晶粒尺寸为 17.2μm。两阶段冷轧脱碳退火后表层 18μm 的晶粒最多，体积分数为 11.5%，平均尺寸为 20.5μm；次表层中 10 ~ 18μm 的晶粒明显增多，平均晶粒尺寸为 18μm；中心层晶粒的尺寸大多集中在 12 ~ 18μm，大于 30μm 的晶粒很少，晶粒分布比较均匀，14μm 的晶粒最多，体积分数为 15%，平均晶粒尺寸为 15.9μm。

综上所述，再结晶后的等轴晶平均尺寸在 20μm 左右。沿厚度方向存在较弱的不均匀性，即表层晶粒较大，尺寸分布比较分散；中心层晶粒较小，尺寸分布比较集中。主要原因有以下三点：

（1）加热过程中温度不均，表层温度高首先发生再结晶，中心层温度较低发生再结晶的时间有所滞后。

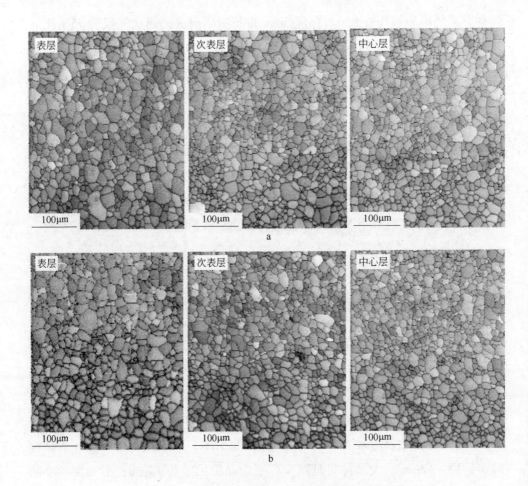

图 4-1 两种不同冷轧工艺条件下初次再结晶微观组织

a——阶段冷轧；b—两阶段冷轧

（2）脱碳退火时，一般把温度加热到两相区，存在一定的 γ 相，表层碳原子需要扩散的路径较短，而优先转变成铁素体，中心部位脱碳速度较慢，相变后的细晶长大不充分。

（3）热轧板中抑制剂沿厚度方向也存在不均匀性，表层剪切应力大、温度低，促进析出及长大；中心层剪切应力小、温度高，且多为稳定的 {100}⟨110⟩ 取向，热轧时仅仅发生了回复，存在许多亚结构，抑制剂析出数量多，脱碳退火后抑制效果强[59]。

采用两阶段冷轧工艺生产该实验取向硅钢，初次再结晶晶粒尺寸比一阶段冷轧法小 2μm 左右，晶粒尺寸小，拥有更高的晶界能，在高温退火阶段，

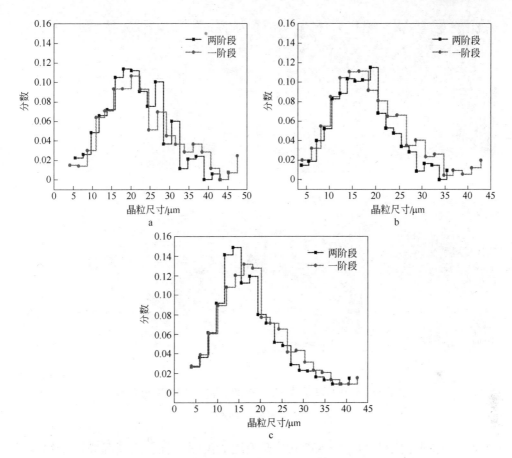

图 4-2 两种不同冷轧工艺条件下初次再结晶的晶粒尺寸分布

a—表层；b—次表层；c—中心层

基体初次晶粒被高斯晶核吞食时，能够提供更高的驱动力，促进晶界的迁移，有利于二次再结晶的发展。

4.3.2 初次再结晶的织构分析

初次再结晶其实是一个为二次再结晶提供高斯晶核，以及能容易被高斯吞食掉基体的过程。二次再结晶的顺利进行需要两个条件，一是在高温退火时要提供适宜的环境（包括抑制剂分布、升温速度、退火气氛等）让高斯晶粒选择性长大；二是初次再结晶组织能够提供位向精准、数量较多的高斯晶核。所以说初次再结晶的优劣，直接决定着能否发展完善的二次再结晶。

图 4-3 分别为一阶段冷轧和两阶段冷轧工艺生产本实验取向硅钢的初次

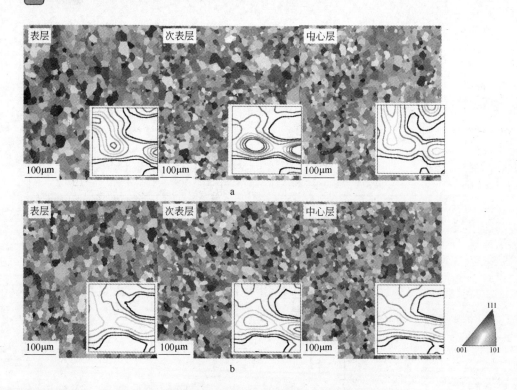

图4-3 初次再结晶晶粒取向图和恒 $\varphi_2 = 45°$ODF 截面图

a——阶段冷轧；b—两阶段冷轧

再结晶晶粒取向图和恒 $\varphi_2 = 45°$ODF 截面图。由图可知，高斯晶粒数量很少，统计结果表明：一阶段冷轧脱碳后表层、次表层、中心层高斯晶粒所占的比例分别为 0.6%、0.3% 和 0.1%；两阶段脱碳退火后表层、次表层、中心层高斯晶粒所占的比例分别为 0.7%、0.7% 和 0.5%。这说明采用两阶段冷轧法生产本实验取向硅钢高斯晶核的数量较多，中等压下量能够产生更多的高斯晶核。而当压下量很大时，部分高斯晶粒会发生偏转导致数量减少，但是幸存下来的高斯晶粒取向更加精准。一般情况下，工业生产普通取向硅钢采用二次冷轧法，而生产高磁感取向硅钢时多采用一次冷轧法，这是由于两者所采用抑制剂的抑制能力不同所引起的。冷轧使得次表层中的 {110}⟨001⟩取向的晶粒转变为 {111}⟨112⟩ 取向，同时在变形晶粒中包含了 {110}⟨001⟩ 取向的亚结构。普通取向硅钢 {110}⟨001⟩ 取向的亚结构只有在中等轧制变形量时稳定，如果变形量过大，基体中积累了大量的变形储能，在后续退火中各种取向的晶粒都有长大的趋势，而由于普通取向硅钢的抑制能力不足，无法抑制其他取向的晶粒长大，成品中会出现大量的混晶，导致磁性降低。二次冷轧法，由于经历了中间退火，两次冷轧后细化了晶粒，对磁性有利。在高磁感取向硅钢中，由于抑制剂的抑制能力较强，能够保证初次再结晶的基体稳定，且由于冷轧压下量较大，$\{110\}\langle001\rangle$ 的亚结构取向更加精准，高温退火后高斯晶粒平均偏离角较小，磁感更高。值得注意的是，在生产高磁感取向硅钢中，压下量也不是越大越好，一般认为[60]，压下量过大会导致高斯织构沿法向偏转接近黄铜取向 $\{110\}\langle112\rangle$。在高温退火时，该取向的晶粒也会发生二次再结晶，高斯晶粒竞相长大，导致磁性能降低。

图 4-4 分别为一阶段冷轧和两阶段冷轧法生产本实验取向硅钢的初次再结

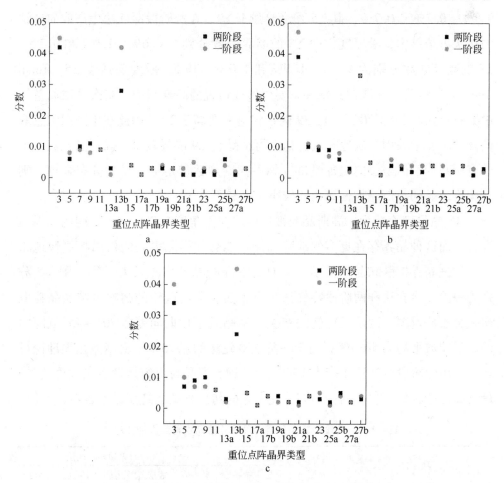

图4-4 两种不同冷轧工艺条件下初次再结晶的重位点阵晶界分布图

a—表层；b—次表层；c—中心层

晶晶粒重位点阵晶界（CSL）分布数量图。由图可知，初次再结晶退火后晶界类型主要在 $\Sigma3 \sim \Sigma13$ 之间，其中 $\Sigma3$ 和 $\Sigma13b$ 最强，$\Sigma13b$ 晶界两边的晶粒具有 27.8°的取向关系，属于高能晶界，迁移速率比较快，而在取向硅钢中 $\{111\}$ $\langle110\rangle$ 与 $\{111\}\langle112\rangle$ 之间具有 30° $\langle111\rangle$ 取向关系，非常接近理想的 $\Sigma13b$ 晶界的取向关系[61,62]，冷轧产生的 γ 织构中包括 $\{111\}\langle110\rangle$ 与 $\{111\}\langle112\rangle$ 取向，在初次再结晶退火时，$\{111\}\langle110\rangle$ 可以通过 $\Sigma13b$ 晶界的快速移动形成 $\{111\}\langle112\rangle$，$\{111\}\langle112\rangle$ 也可以通过 $\Sigma13b$ 晶界的快速移动形成 $\{111\}\langle110\rangle$。

由图 4-4 可知，一阶段冷轧法生产取向硅钢的初次再结晶中，沿厚度方向 $\Sigma5$ 的晶界分数分别为 0.8%、1.1% 和 1.0%，$\Sigma9$ 的晶界分数分别为 0.8%、0.7% 和 0.7%。其 $\Sigma5$ 强度要强于 $\Sigma9$。在两阶段冷轧法生产取向硅钢的初次再结晶中，沿厚度方向 $\Sigma5$ 的晶界分数分别为 0.6%、1.0% 和 0.7%，$\Sigma9$ 的晶界分数分别为 1.1%、0.9% 和 1.0%。其 $\Sigma9$ 强度要强于 $\Sigma5$。Tomji Kumano[56]认为，在取向硅钢中，要想形成锋锐的高斯织构，初次再结晶基体中要有较强的 $\Sigma9$ 晶界，并且 $\Sigma9$ 的迁移速率要高于 $\Sigma5$。因此在生产高磁感取向硅钢时，常采用一次冷轧法，初次再结晶后 $\Sigma9$ 晶界较多，高斯晶粒数量虽然有所减少，但是位向更加精准，如果抑制剂数量足够、尺寸分布合理，则二次再结晶的高斯晶粒偏离角比较小，磁感更高。

HE 晶界理论认为，高斯晶粒被一群取向差角度在 20° ~ 45°之间的晶界包围着，而这种晶界存在更多的缺陷和能量能够使得晶界处的析出物更快地粗化，促进晶界扩散和晶界移动，从而实现高斯晶粒率先长大[63,64]。图 4-5 分别为一阶段冷轧法和两阶段冷轧法生产本实验取向硅钢的初次再结晶晶粒取向差分布数量图。两阶段冷轧法初次再结晶后平均取向差在 20° ~ 45°范围内的数量分数平均为 50.4%，高于一阶段冷轧法的 49.3%，由高能晶界理论可知，采用两阶段冷轧法生产本实验取向硅钢高斯晶粒更容易发生二次再结晶，最终磁性能较好。关于两种不同冷轧工艺的初次再结晶特征详见表 4-1。

表4-1　一阶段冷轧法和两阶段冷轧法初次再结晶的比较

项　目	一阶段冷轧法				两阶段冷轧法			
	表层	次表层	中心层	平均值	表层	次表层	中心层	平均值
晶粒尺寸/nm	22.5	18	17.2	19.2	20.5	18	15.9	18.1
高斯晶粒体积分数/%	0.6	0.3	0.1	0.3	0.7	0.7	0.5	0.6

项 目	一阶段冷轧法				两阶段冷轧法			
	表层	次表层	中心层	平均值	表层	次表层	中心层	平均值
重位点阵晶界 $\Sigma 5$/%	0.8	1.1	1.0	1.0	0.6	1.0	0.7	0.8
重位点阵晶界 $\Sigma 9$/%	0.8	0.7	0.7	0.7	1.1	0.9	1.0	1.0
20°~45°取向差的数量分数/%	48.1	48.5	51.3	49.3	51.3	52.6	47.3	50.4

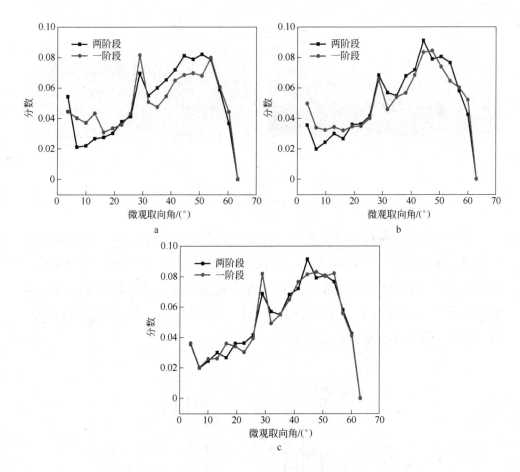

图 4-5 两种不同冷轧工艺条件下初次再结晶的取向差分布图

a—表层；b—次表层；c—中心层

4.3.3 取向硅钢的磁性能

普通 CGO 钢的成品晶粒尺寸为 3~5mm，Hi-B 钢的成品晶粒尺寸为 10~20mm，这是由于 AlN 的抑制能力高于 MnS，致使二次再结晶温度升高。发生二次再结晶的温度越高，二次再结晶长大的驱动力越大，二次再结晶晶粒吞并细小初次晶粒而形成成品晶粒的尺寸也就越大。由图4-6可知，本实验取向硅钢的成品晶粒尺寸最大约为30mm，这说明 Cu_2S 的粗化温度较高。一阶段冷轧的成品组织中存在部分细晶，这是由于抑制剂数量不足，基体中其他取向的晶粒也发生了二次再结晶造成的。

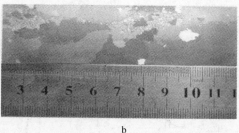

图4-6 二次再结晶晶粒的组织

a——一阶段冷轧工艺；b—两阶段冷轧工艺

图4-7 示出了两种不同冷轧工艺成品的磁性能，由图可知，两阶段冷轧工艺 $B_8 = 1.9T$，$P_{17} = 2.24W/kg$，一阶段冷轧工艺 $B_8 = 1.8T$，$P_{17} = 2.35W/kg$。两阶段冷轧工艺初次再结晶的重位晶界和高能晶界多，且晶粒较细，高斯晶粒容易发生二次再结晶，故其磁感高，发生二次再结晶的高斯晶核数量多，成品晶粒尺寸较小，故其铁损较低。

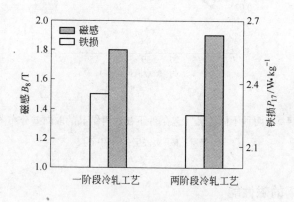

图4-7 两种冷轧工艺性能的比较

另外，本实验钢晶粒尺寸虽然超过高磁感取向硅钢，但是其磁感并没有优于高磁感取向硅钢，这是由于高斯晶粒存在一定的偏离角，导致 B_8 降低。本实验中，高温退火时间较短，实验取向硅钢没有完全净化，故铁损明显高于工业成品。

4.4 本章小结

（1）两阶段冷轧法生产本实验取向硅钢的初次再结晶晶粒尺寸为 18.1μm，一阶段冷轧法生产取向硅钢的初次再结晶晶粒尺寸为 19.2μm，两阶段冷轧法初次再结晶晶粒尺寸较小是因为在冷轧到中间厚度时进行了退火，基体发生了再结晶细化了晶粒。

（2）采用两阶段冷轧法生产的本实验取向硅钢初次再结晶基体中，高斯晶粒的体积分数为 0.6%，一阶段冷轧法生产取向硅钢初次再结晶基体中高斯晶粒的体积分数为 0.3%。这是因为中等压下率能使得更多的晶粒转动到高斯取向。

（3）采用两阶段冷轧法的初次再结晶基体上，重位点阵晶界（Σ5、Σ9）以及 20°~45°取向偏差角所占的比例均强于一阶段冷轧法，更有利于高斯晶粒发生二次再结晶。

5 取向硅钢中的析出物

5.1 引言

在钢铁工业中取向硅钢是唯一利用二次再结晶现象生产的，而要发生二次再结晶需要满足以下三个条件之一[1]：（1）存在细小弥散亚稳定的第二相质点或沿晶界偏聚的元素；（2）具有单一的初次再结晶织构；（3）初次晶粒长大受板厚的限制并已达到极限尺寸。实际生产取向硅钢中均采用加入亚稳定的第二相析出质点（抑制剂）的方案。抑制剂能够在脱碳退火和最终高温退火前期有效地抑制初次再结晶晶粒的生长，充分发展二次再结晶，促进{110}〈001〉位向晶粒迅速长大，发生二次再结晶。推动{110}〈001〉高斯晶粒晶界不断向前移动的驱动力是由总晶界能和表面能决定的。由于晶界表面张力的作用，晶界存在减少的趋势，因而推动晶界移动，二次晶粒得以不断长大[65]。析出相质点数量越多，质点平均直径越小，抑制初次晶粒长大的能力就越强。因此，取向硅钢抑制剂的控制，是其生产过程中的关键技术所在，直接决定着二次再结晶的发展是否完善，进而形成单一、粗大且偏离角较小的高斯取向的晶粒，最终获得优良的磁性能。

5.2 析出物理论计算

利用 JMat 软件，计算该成分下的两相区的温度区间为 800～1300℃（如图 5-1 所示）。取向硅钢中在热轧时保证有 20%～30% 的 γ 相，通过 γ-α 相变细化组织和析出细小的 AlN，并使之沿板厚方向呈现出特定的组织梯度，即板厚中心组织细小，板表面附近晶粒粗大，易沿轧向形成粗大并且位相准确的 Goss 晶粒。在高温常化时，保证一定量的 γ 相，快冷时可获得大量细小的 AlN，因为 N 在 γ 相中固溶度比在 α 相中大 9 倍。另外奥氏体比铁素体硬，在热变形过程中，奥氏体周围的铁素体将先发生动、静态再结晶，则晶粒取向及尺寸都发生变化，从而最终影响织构梯度，也影响抑制剂的析出。奥氏体多，冷却后相变的细小铁素体也多。由图 5-1 可知，1200℃下奥氏体数量最多，促进铁素体动态再结晶的效果应最显著，形变时两相的交互作用最明显，抑制剂析出少。

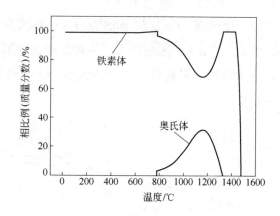

图 5-1 实验钢平衡相图中铁素体与奥氏体的比例

5.2.1 热力学计算

取向硅钢中的主要抑制剂 AlN、Cu_2S、MnS 的热力学计算如下：

（1）AlN 的热力学计算。在计算 AlN 析出时，溶度积公式采用岩山健三的数据，AlN 的溶度积为[66]：

$$\lg\{[Al]\cdot[N]\}_\alpha = \lg\{[Al]\cdot[N]\}_\gamma = 2.72 - 10062/T \qquad (5\text{-}1)$$

（2）Cu_2S 的热力学计算。在计算 Cu_2S 析出时，溶度积公式采用岛津高英的数据，Cu_2S 的溶度积为[67]：

$$\lg\{[Cu]^2\cdot[S]\}_\alpha = \lg\{[Cu]^2\cdot[S]\}_\gamma = 26.31 - 44971/T \qquad (5\text{-}2)$$

（3）MnS 的热力学计算。MnS 在 α 相区的溶度积根据电镜与相分析法确定为[68]：

$$\lg\{[Mn]\cdot[S]\}_{\alpha或\delta} = 4.092 - 10590/T \qquad (5\text{-}3)$$

MnS 在 γ 相区的溶度积表示为[69]：

$$\lg\{[Mn]\cdot[S]\}_\gamma = -4290/T + 0.381 - (253100/T - 146.1)[C]$$

$$(5\text{-}4)$$

当碳含量为0.04%时，上式可以简化为：

$$\lg\{[Mn]\cdot[S]\}_\gamma = -14414/T + 6.221 \tag{5-5}$$

MnS在γ相中的平衡溶度积略小于其在α相中的平衡溶度积，因而MnS在α+γ两相区的平衡溶度积将采用γ相区计算。

根据以上各式计算出AlN、Cu_2S和MnS在α+γ相区溶度积随温度变化曲线图。由图5-2可知，在α+γ两相区中，三种抑制剂的平衡溶度积均随着温度的逐渐降低而逐渐降低。平衡析出温度高的抑制剂优先析出，其析出顺序为MnS>AlN>Cu_2S。

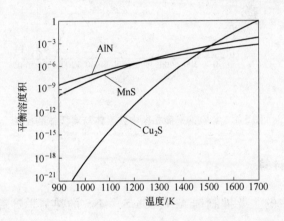

图5-2　MnS、Cu_2S和AlN平衡固溶度随温度的变化曲线

值得注意的是，在1520K以下Cu_2S的平衡溶度积远远小于MnS的平衡溶度积，Cu_2S优先析出，而由于竞相析出的关系，MnS基本不析出。

5.2.2　动力学计算

假设析出相颗粒为球形并且忽略第二相与基体的应变能，根据第二相粒子经典形核理论，其临界形核半径及临界形核自由能可以表示为：

$$r^* = \frac{2\sigma V_m}{\Delta G_v} \tag{5-6}$$

$$\Delta G^* = \frac{16\pi\sigma^3 V_m^2}{3\Delta G_v^2} \tag{5-7}$$

式中　r^*——第二相粒子临界形核半径，m；

　　ΔG^*——第二相粒子临界形核自由能，J；

　　σ——析出相与基体之间的界面能，J/m^2；

　　V_m——析出相的摩尔体积，m^3/mol；

　　ΔG_v——形成析出相时体积自由能变化量，J/mol。

　　形成析出相时，体积自由能变化量（ΔG_v）即形核驱动力是第二相粒子临界形核自由能（ΔG^*）的主要影响因素。形核驱动力可以表示为[70]：

$$\Delta G_v \approx Q \frac{\Delta T}{T_e} \tag{5-8}$$

式中　Q——溶解自由能，J/mol；

　　T_e——析出相平衡温度，K；

　　ΔT——过冷度，即平衡温度与实际析出温度之差。

Q 值可以根据以下公式进行计算[71]：

$$Q = R \frac{b}{a+b} A\ln 10 \tag{5-9}$$

式中　R——气体常数，等于8.314J/(mol·K)；

　　a，b——析出物 M_aX_b（M 为金属元素，X 为非金属元素）的比例系数。

　　将相应的数值代入式中便可求解出相应的溶解自由能。MnS 和 Cu$_2$S 的相关参数如表 5-1 所示[70,71]。

表 5-1　MnS 和 Cu$_2$S 的动力学计算相关参数

参　数	MnS	Cu$_2$S
Q^γ/J·mol^{-1}	137969	286970
Q^α/J·mol^{-1}	101366	286970
σ^γ/J·m^{-2}	0.712	0.83
σ^α/J·m^{-2}	1.024	0.2
V_m/m^3·mol^{-1}	2.164×10^{-5}	2.751×10^{-5}
T_e/K	1615	1552

　　将以上数据代入式（5-6）和式（5-7），得到 Cu$_2$S 和 MnS 在 $\alpha + \gamma$ 两相区和 α 相区临界形核尺寸及临界形核自由能随温度的变化关系（见图 5-3）。

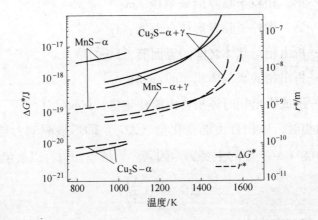

图 5-3 Cu$_2$S 和 MnS 的临界形核半径和临界形核自由能随温度变化曲线

由图 5-3 可知，在低于 1400K（1127℃）的 α + γ 两相区及 α 相区内，MnS 的临界形核半径和临界形核自由能均比 Cu$_2$S 的高，此时 Cu$_2$S 将优先析出；当温度高于 1400K（1127℃）时，α + γ 两相区内 MnS 的临界形核半径和临界形核自由能均比 Cu$_2$S 的略低，在一定过冷条件下，可以避免 MnS 的析出，保证尽可能多的 Cu$_2$S 析出。

根据经典形核理论，形核率 I 计算公式如下：

$$I = I_0 \exp\left(-\frac{\Delta G^*}{k_B T}\right) \quad (5\text{-}10)$$

式中　k_B——玻耳兹曼常数，等于 1.38×10^{-23}J/K；

　　　I_0——经验系数，等于 $10^{24}/(\mathrm{m}^3 \cdot \mathrm{s})$。

均匀形核的临界形核自由能 ΔG^* 由式（5-7）计算。

从图 5-4 可以看出，MnS 和 Cu$_2$S 在高温时都有较低的形核率，但是在 1350K 以下，随着温度的降低，Cu$_2$S 的形核率增加得比较快，特别是在铁素体中，Cu$_2$S 的形核率远远大于 MnS。由此可以推断，在铁素体和较低温度的奥氏体中，析出物以 Cu$_2$S 为主。

综上所述，在本实验取向硅钢成分下，通过热力学和动力学计算表明，在铁素体和温度较低的两相区内 Cu$_2$S 优先析出，在温度较高的两相区内（1400K 以上），MnS 优先析出，在高温段给予一定过冷度可以抑制 MnS 的析

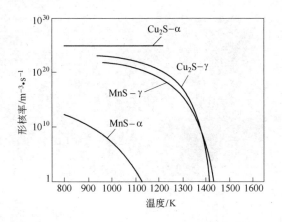

图 5-4 Cu_2S 和 MnS 形核率随温度变化曲线

出，保证 Cu_2S 尽可能多地析出。

5.3 热轧板中的析出物

常规高温加热生产取向硅钢，由于加热温度较高，MnS 和 AlN 均完全固溶，随后在热轧过程中，MnS 细小弥散析出。而在本实验取向硅钢中采用低温加热，MnS 固溶进基体中的数量很少，因而在热轧时析出的也很少，大部分的 MnS 还是在连铸时形成的粗大颗粒，分布密度极低，不易观察到。

在热轧过程中，取向硅钢中的析出物尺寸在 10nm 左右，分布密度约为 3.84×10^{10} 个/cm^2，这些细小弥散的析出物可能由 AlN、Cu_2S、Cu 组成，杨佳欣[72]等认为热轧板在 500 ~ 700℃卷取时会析出中尺寸在 10nm 以下角盘状的 A 态 AlN，这与本实验结果相近，且在以后脱碳退火中我们可以发现尺寸约在 20nm，分布密度近似的 Cu_2S、Cu 析出以及尺寸在 50nm 的 AlN 析出。

此外，我们还发现少量 30 ~ 40nm 尺寸范围内的 Cu_2S（见图 5-5a），40 ~ 70nm 的 AlN 析出物，分布密度约为 0.2×10^8 个/cm^2（见图 5-5b），以及尺寸在 100nm 以上的 CuMnS 析出（见图 5-5c），可能是由于 MnS 先析出，之后 Cu_2S 在其质点上析出，导致尺寸变大。

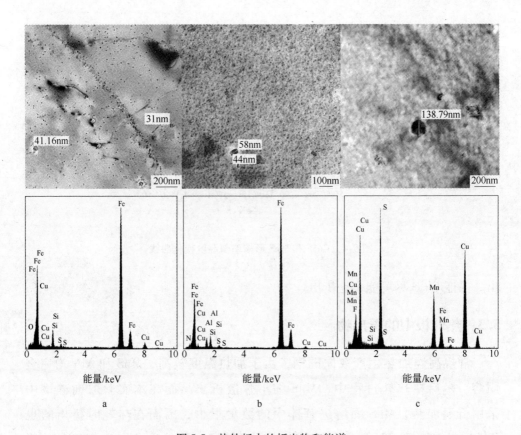

图 5-5 热轧板中的析出物和能谱

5.4 常化板中的析出物

以 AlN 为抑制剂的取向硅钢热轧板在最终冷轧之前必须在氮气下进行高温常化,目的是为了析出细小的 AlN。由于钢中含有一定的碳,在高温常化时,将产生一定量的 γ 相。N 在 γ 相中的固溶度比 α 中大 9 倍,有利于氮化物的固溶,所以在常化处理中能够大量固溶那些在热轧时低温析出的细小不稳定的 A 态 AlN。有效的 AlN 是在常化后冷却过程中通过相变而析出的。通过透射可以发现其尺寸在 30 ~ 50nm 之间(见图 5-6a),另外我们也发现了分布密度极低的且尺寸在 200nm 以上的 C 态 AlN(见图 5-6b),此类 AlN 是在热轧过程中析出并长大的,抑制能力很小。

　　热轧过程中析出的10nm以下的Cu_2S和Cu在高温常化时又重新固溶并在随后的冷却中重新析出，且尺寸比热轧态的略有增加。图中由于调节了图片衬度，故而基体上细小的析出物无法看出。

　　常化工艺是取向硅钢生产的关键因素之一。热轧时，析出物尺寸比较小，抑制能力不足，而常化最主要的作用是调整抑制剂的再分配，不同的常化工艺对抑制剂的析出影响很大。常化温度为1030℃时（图5-6c），抑制剂的尺寸在20nm左右，分布密度为4.11×10^{10}个/cm^2。

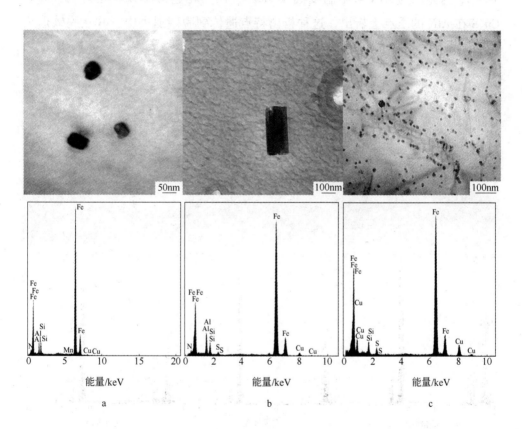

图5-6　常化板中的析出物和能谱

5.5　冷轧与退火中的析出物

　　冷轧过程中，由于钢板温度较低，达不到影响Cu_2S和AlN粒子析出的温度，一般认为冷轧过程不会对析出有影响。

5.5.1 一阶段冷轧后脱碳中的析出物

采用一阶段冷轧法时，由于没有经历中间退火，脱碳退火后抑制剂的尺寸相对较小。包括尺寸约为 20nm 的 Cu_2S，分布密度为 1.39×10^{10} 个/cm^2（见图5-7b）；尺寸在 50nm 左右的 AlN，分布密度较低为 1.5×10^9 个/cm^2（见图5-7a）。其中有些较大（$60 \sim 80nm$）的 AlN 和 Cu_2S 复合析出（见图5-7c），这是因为 AlN 析出温度高于 Cu_2S，在热轧过程中 AlN 先析出，而后 Cu_2S 在 AlN 的质点上析出，这种析出特点遗传到脱碳退火中，并在脱碳退火中长大。

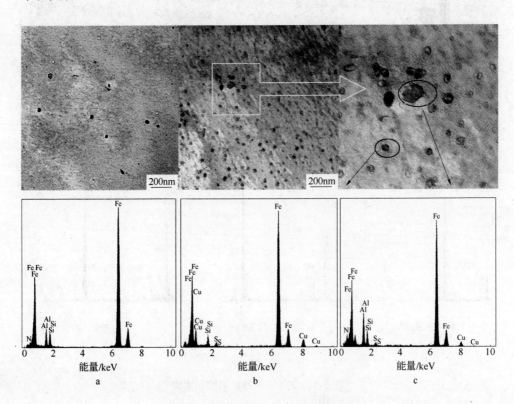

图 5-7 一阶段脱碳中的析出物和能谱

a—AlN 的析出；b—Cu_2S 的析出；c—AlN 和 Cu_2S 的复合析出

5.5.2 两阶段冷轧与脱碳中的析出物

采用两阶段冷轧法生产取向硅钢，在中间退火时，由于发生了再结晶初次再结晶晶粒得到细化，基体更加稳定而有利于高斯晶粒发生二次再结晶，提高了产品的磁性能。

从透射中可以观察到，中间退火后析出了很多尺寸在 50nm 左右的 AlN（见图 5-8a），基体上还分布着数量很多的 Cu 或者 Cu_2S 粒子（见图 5-8b、图 5-8c）。AlN 的析出具有一定的方向性，有关文献[73]报道，在 α-Fe 中细小的具有密排六方结构的 AlN 质点在 α-Fe 基体的（100）或者（120）面上存在

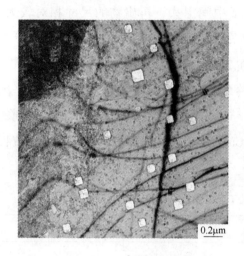

a

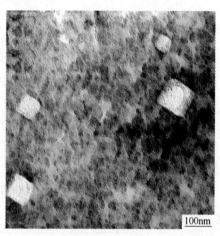

b

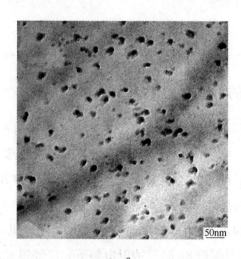

c

图 5-8　中间退火和一阶段脱碳退火后的析出物

a，b—中间退火后的析出物；c—脱碳退火后的析出物

着（101）$_{AlN}$（120）$_{\alpha-Fe}$或者（122）$_{AlN}$（122）$_{\alpha-Fe}$的位向关系。AlN 保持这样的析出方向性使其能量处于稳定状态。如果再结晶成核沿着这种析出质点方向生长，那么这种晶核就会稳定地迅速长大，因此在二次再结晶之前，AlN 不仅抑制了一次晶粒的生长和促进了二次再结晶，而且使二次再结晶择优长大，起到了所谓调整或控制二次再结晶织构的作用，这也是本实验钢选择 AlN 作为抑制剂的原因。

采用两阶段冷轧法时，由于经历了中间退火，析出物的尺寸相对较大，AlN 的平均尺寸都在 50nm 以上，分布密度为 4.2×10^8 个/cm^2；Cu$_2$S 的分布密度为 3.66×10^{10} 个/cm^2，平均尺寸在 20nm 以上。

由表 5-2 可以看出，采用两阶段冷轧抑制剂平均尺寸略有增加，这是因为经历了中间退火，抑制剂有所长大。Cu$_2$S 在全流程析出过程中，抑制剂的尺寸和分布密度不断增加，这是因为 Cu$_2$S 处于过饱和固溶状态，在后续流程中不断析出。

表 5-2　两种冷轧工艺的析出物比较

析出物	一阶段冷轧后脱碳		两阶段冷轧后脱碳	
	平均尺寸/nm	分布密度/个·cm^{-2}	平均尺寸/nm	分布密度/个·cm^{-2}
AlN	50	1.5×10^9	56	4.2×10^8
Cu$_2$S	20	1.39×10^{10}	21	3.66×10^{10}

5.6　高温退火中的析出物

在高温退火阶段，抑制剂不断聚集粗化，失去抑制效果，在高温段全氢气氛下长时间保温，粗化的抑制剂不断被净化，最终全部消失。

当高温退火时，缓慢升温到 1180℃ 保温 0h，抑制剂并没有完全粗化，由图 5-9a 可知 Cu$_2$S 的尺寸刚刚达到 100nm 还有一定的抑制能力；当以相同的升温速度高温退火保温 4h 时，抑制剂已经明显粗化（见图 5-9b），最大达到 1.2μm（图 5-9c）；当保温 8h 时，透射电镜下，已经很难发现析出物的存在。此时通过金相发现，二次再结晶已经十分完善，平均晶粒尺寸可达 30mm 左右，最大晶粒可达 40mm。

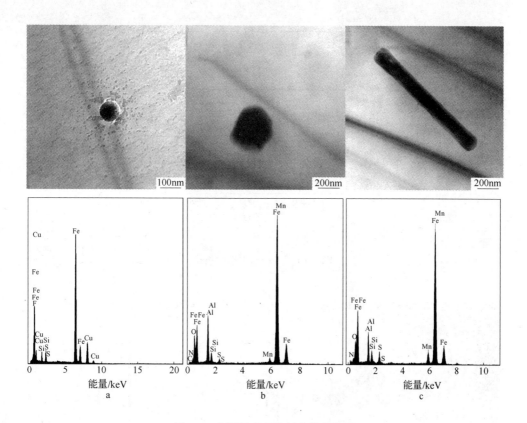

图 5-9 高温退火后的析出物和能谱

5.7 铜的析出

由 JMat 软件计算可知，本实验钢成分条件铜的固溶温度约为 720℃，结合 MnS 和 Cu_2S 竞相析出计算结果可以看出，铜的析出满足热力学条件，钢中的铜一部分和硫结合形成 Cu_2S，另一部分就以单质铜的形式存在，在试验中我们经常可以发现铜的析出。图 5-10 为实验钢中铜的析出。图 5-11 为两阶段脱碳后铜的析出形貌和能谱，呈球形（图 5-11 中"2"）或者方形（图5-11 中"3"），尺寸大约在 20nm，分布密度约为 200 个/μm^2。

虽然铜析出的尺寸和数量都比较理想，但是不能作为取向硅钢的主抑制剂，因为脱碳退火发生再结晶的温度一般在 800℃ 以上，此时铜已经完全固溶到基体中，失去了抑制效果。

本实验取向硅钢铜含量高达 0.5%，在高温退火时，部分铜元素固溶在

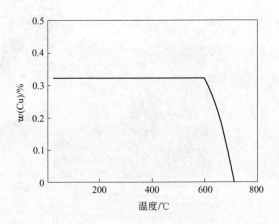

图 5-10 实验钢中铜的析出

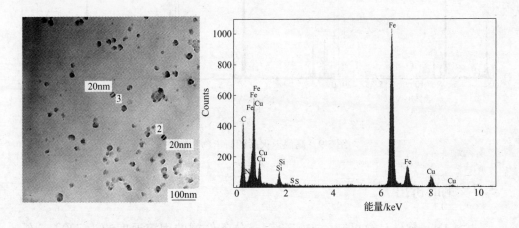

图 5-11 铜的析出形貌和能谱

基体中，不可能全部被净化，在随后的冷却过程中极其细小的铜开始析出，研究发现[74]这种析出对取向硅钢的磁性能几乎没有影响。另外，铜弥散析出提高了材料的强度。

5.8 本章小结

（1）本实验取向硅钢中热轧析出物尺寸约为 10nm，分布密度约为 3.84×10^{10} 个/cm^2，这些细小弥散的析出物可能由 AlN、Cu$_2$S、Cu 单质组成。

（2）常化对抑制剂的析出影响很大，采用 1030℃ ×5min 常化后空冷 5s

再淬火工艺析出物的尺寸在 20～30nm 左右，分布密度约为 4.11×10^{10} 个/ cm^2，抑制效果最强。

（3）两阶段冷轧法脱碳后抑制剂比一阶段冷轧脱碳后的尺寸略有增大，分布密度有所增高，抑制效果较好。

（4）高温退火后抑制剂完全粗化，最大尺寸能达到微米级别且多为复合析出物，此时已经失去了抑制效果，高斯晶粒二次再结晶发展完善。

（5）在取向硅钢中加入较高含量的铜时，析出的硫化物以 Cu_2S 为主，MnS 仅在高温段有少量析出。

6 薄带连铸超低碳取向硅钢的开发

6.1 引言

取向硅钢沿轧制方向具有高磁感、低铁损的优良磁性能,主要用于各种变压器的铁芯,是电力电子和军事工业中不可缺少的重要软磁合金。传统取向硅钢制备工艺复杂冗长,主要包括:冶炼—连铸—铸坯高温加热—热轧—常化—冷轧—脱碳退火—高温退火等,为了保证取向硅钢板能够发生完善的二次再结晶,铸坯需要在1350~1400℃保温以固溶 MnS 和 AlN 等粗大的析出物并在热轧过程中细小弥散析出。如此高的加热温度会引起能源浪费、成材率低、设备损耗大等一系列的缺点。而采用双辊薄带连铸工艺生产取向硅钢在抑制剂控制上有显著的优势,利用双辊薄带连铸亚快速凝固的特点,可以控制抑制剂的析出和长大,保证铸带中抑制剂大量固溶或细小析出;取消了常规流程中的铸坯加热和热轧工序,大大简化了生产流程,节省成本。

采用双辊薄带连铸工艺生产取向硅钢,其最优的成分设计与常规工艺不同。常规流程中为了细化热轧组织,在常化工艺中固溶 AlN 析出物,需要在冶炼时添加0.03%~0.05% C,在热轧及常化温度范围内形成20%~30%的奥氏体,冷轧工序之后,再进行脱碳退火,以保证成品取向硅钢的磁性能。而采用双辊薄带连铸工艺在冶炼时可以直接把碳含量控制在60×10^{-4}%以下,冷轧后可直接进行高温退火,无需进行脱碳退火。在已有基于双辊薄带连铸工艺生产取向硅钢的专利及文献[75~77]中均未提到取消脱碳退火工艺的思想。

6.2 实验材料和实验方法

6.2.1 成分设计

碳元素对取向硅钢的作用是非常重要的,而最重要的是奥氏体化对基体晶粒的细化和常化过程中固溶氮元素，并且在 $\gamma \rightarrow \alpha$ 过程中形成细小的 AlN。但是铸带凝固过程中先形成的是干净而且低碳的 δ 铁素体，碳元素随着凝固的进行被"赶"到晶界或者晶内局部形成富碳的珠光体或马氏体组织，在冷加工过程中造成应力集中反而对塑性不利，而且因为没有大压缩比的热轧变形，反复相变细化晶粒的作用无从谈起，富碳的区域不可能做到均匀分布，那么 AlN 的分布均匀度就会下降。

　　析出物在钢铁中的控制原理都是基于"固溶-析出"这个思想，只是为了两种或者两种以上粒子大量或者集中析出，才会通过温度、相变、时效等手段进行析出准备，以实现在某个温度或者时间段大量细小弥散析出的目的。当然，所有析出的前提是固溶，取向硅钢为了抑制能力的提高加入大量的 Mn、S、Al、N 元素，而铸坯实现固溶的手段就是高温加热（尽管为此付出惨重的消耗也在所不惜），这里面本质上的原理是一致的。为什么抑制剂需要高温才能固溶？这是因为添加量增加，固溶度积自然提高，另外一个最重要的原因就是高温稳定性，抑制剂发生作用的温度段就是二次再结晶发展的温度范围，GO 为 850~950℃，Hi-B 为 950~1050℃，这就要求抑制剂元素在这一个温度范围内是稳定的，而且二次再结晶完成后这两种抑制剂要聚集熟化，便于基体吞并小晶粒。所以，抑制剂的配合尤为重要，比如 MnS 在 1000℃ 以上的抑制力开始逐渐下降，这个时候的 AlN 持续发生抑制作用，以确保二次再结晶的完善程度。

　　铸轧过程的特点是钢水开始快速冷却，这个特点决定其固溶的能力就是固态基体固溶的上限，而且钢液亚快速凝固过程中低温液析相也被以"较小"的尺寸保存在基体当中。这说明基体中可以最大可能地固溶抑制剂元素，而且可选择的种类更多，比如低温细小析出的 Nb(C,N)、高温更加稳定的 TiN 等。

　　铸轧过程中高温析出相的作用，对于取向硅钢而言铸带组织要求细化，这就需要低温浇铸。但是对于稳定浇铸和裂纹控制而言，浇铸温度过低显然是矛盾的，前面提到凝固过程中的某些粒子可以起到钉扎晶界、阻止铸带晶粒长大的作用——在常规流程制造铁素体不锈钢的过程中 TiN 的高温析出制造形核位置，细化铸坯组织的例子。在取向硅钢的铸带中，MnS 的析出行为特点是孕育期较短，在铸带的晶界或者亚晶界上就可以析出，一定程度上钉扎并稳定了晶界和亚晶界，为冷轧后再结晶形核创造了位置，提供更加充分的 γ 取向基体，促进二次晶粒尺寸。而 AlN 显然需要更加充分的孕育期和形核位置，在铸带中的高温析出往往依附于已经析出的 MnS。常规流程热轧中析出的小于 10nm 的 MnS 往往是常化时 AlN 的形核位置，此为 AlN 的析出特点。

基于上述考量，铸带中降低碳的含量，提高 Mn、S、Al、N 的添加量，使铸带中在凝固过程中析出部分第二相粒子细化铸带组织，固溶更大部分的抑制剂在后续热处理过程中集中析出，形成抑制剂元素，这是本实验对于成分设计的考虑。

常规流程中最典型的抑制剂是 AlN 和 MnS，这是因为二者在铁素体聚集粗化的温度在 1100℃ 以上，在二次再结晶发生温度范围内其抑制能力相对稳定，而且在基体完成二次再结晶后，通过 H_2 高温下净化后，基体中的 S 和 N 降到极低的水平。抑制剂选择和设计的基本原则是能够在二次再结晶发生的温度范围内提供足够的抑制能力，并且能随着二次再结晶的完成及时熟化和分解。

在铸轧过程中取向硅钢成分设计主要考虑下列因素：

（1）碳使基体常化时 γ-相数量增多，使热轧板发生动态再结晶组织细化，初次晶粒细小且均匀。碳含量高可改善热、冷加工性，防止热轧板产生横裂。热轧板常化是形成 γ-相，控制 AlN 析出，冷却后碳以固溶碳和细小 ε-碳化物形态存在，冷轧时钉扎位错，使初次再结晶细小均匀，促进二次再结晶发展。考虑铸轧条件下基体固溶能力更强，而且热轧时压下很小，温度较低，采用常化制度柔性控制，将碳含量降至 0.005% 以下，铸带在整个流程中为单一 α-相。

（2）MnS 是常用的取向硅钢中重要的抑制剂，常规流程中铸坯高温加热的主要目的是固溶 MnS，使其在热轧中快速大量析出。铸轧条件下的固溶度较常规流程更强大，所以可以适当提高锰与硫含量，在高固溶积条件下，利用凝固和铸带冷却过程高冷速来实现抑制剂的大量固溶。

（3）AlN 是另一个重要的抑制剂成分，常规流程中 Hi-B 成分中铝加入量主要受常化过程中的奥氏体量和铸坯加热温度的限制，要求 $w(Al_s) \leqslant 0.03\%$，而氮元素要考虑铸坯浇铸和起泡现象的影响限制在 0.01% 以下。铸轧流程中钢液中 AlN 为固溶状态，经过亚快速凝固和铸带快速冷却实现固溶的目的，可以通过计算设计成分适当提高 AlN 的添加量以增加抑制能力。

实验钢采用如表 6-1 所示成分，其显著特点是提高了 MnS 和 AlN 抑制的添加量，去掉了传统流程中调整 AlN 析出的决定性元素碳，通过铸轧过程的亚快速凝固过程进行抑制剂固溶，然后在中间退火过程中进行抑制剂的析出和再分配，对抑制剂的分布和尺寸进行优化控制，提高了抑制能力。

表 6-1　铸轧取向硅钢成分设计（质量分数）　　　　　　　　　（%）

C	Si	Mn	P	S	Al_s	N	Cu
< 0.005	2.7 ~ 3.4	0.10 ~ 0.25	< 0.007	0.01 ~ 0.02	0.03 ~ 0.05	0.009	< 0.001

6.2.2　铸轧工艺

近年来，东北大学轧制技术及连轧自动化国家重点实验室对铸轧系统进行了多次优化改进，现今的铸轧冶炼设备如图 6-1 所示。该设备主要包括 50kg 真空感应熔炼炉、电加热中间包、ϕ500mm × 110mm 水平式双辊铸轧机、FRIC 型双色光线测温仪、水冷装置等，改造后的设备有以下几个特点：

（1）冶炼、薄带连铸一体化。根据硅钢冶炼和铸带组织的要求，使用一体化冶炼、铸轧系统。冶炼过程中采用三级真空泵，实现了对化学成分尤其是气体含量和夹杂物的精确控制，同时保证了带钢在连铸过程中的稳定性，有利于铸带质量的控制。

（2）浇铸系统科学、合理。浇铸系统的形式和结构设计如图 6-1 所示，充分考虑了钢水氧化问题，实现了从熔炼炉—中间包—浇铸流槽—水口全程在保护性气氛下浇铸，很好地解决了钢液在浇铸过程中的氧化问题。为了提高预热和保温效果，设计中包盖上安装有许多电加热体，进一步提高了中间包和流槽的预热温度，有效地降低了钢水浇铸过程中的热量散失问题，保证了钢水流动过程中的均匀性。

（3）水冷二次冷却系统。对于取向硅钢来讲，希望得到细小弥散分布的第二相粒子，保证高斯晶粒发生二次再结晶，提高成品的磁性能，或者在铸带中尽可能多地固溶第二相粒子。但是，薄带在出铸轧辊后由于温度较高（1100 ~ 1300℃之间），二次冷却速度会对抑制剂的析出行为产生很大影响，

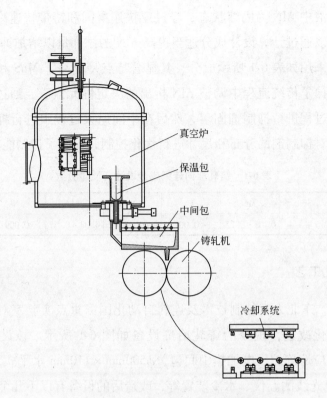

右侧标注（从上到下）：真空炉、保温包、中间包、铸轧机、冷却系统

图 6-1 冶炼、薄带连铸一体化系统结构

因此，为了提高铸机出口薄带的冷却速度，在铸轧机出口安装了冷却系统。该冷却系统可以实现高压空气、气雾、层流、喷射等多种方式冷却，为研究不同冷却速度对抑制剂析出行为的影响提供了条件。

本章中的铸轧实验过程由钢水熔炼、合金化、中间包预热、浇铸、铸带冷却五个过程组成，东北大学轧制技术及连轧自动化国家重点实验室铸轧机的主要技术参数如表 6-2 所示，铸轧辊中通有循环水，以提高轧辊导热性能，加速铸带凝固。

表 6-2 铸轧机的主要技术参数

初始辊缝	轧辊宽度/mm	轧辊材质	轧辊直径/mm	轧制速度/m·s⁻¹	冷却速度/℃·s⁻¹	轧制力/kN
可调	254	铜辊	500	0.3~0.5	200~300	0~10

铸轧低碳取向硅钢流程设计：

（1）铸轧：钢液经过中间包进入由铸辊和侧封组成的熔池内形成结晶

器，钢水经过亚快速凝固后成型，凝固过程中钢液冷速达到约1000℃/s。

（2）铸带二次冷却：铸带出辊后由于温差较大，且铸带厚度仅为2.5mm，空冷冷速也大于30℃/s。这一过程保证了铸带中的抑制剂大部分以固溶态形式存在于基体中。

（3）一阶段冷轧：铸带不经过常化酸洗后经过40%～60%的直接冷轧。

（4）中间退火：中间退火的目的是促进再结晶的进行，细化较为粗大的铸态晶粒，促进织构均匀化，更重要的是促进抑制剂的有效析出，由于铸带采用MnS和AlN两种抑制，所以中间退火温度应该兼顾二者的有效析出温度，通常认为在大变形条件下会促进析出的进行，但是冷轧基体的再结晶开始温度在700℃左右，这样会释放一部分冷轧储能。但是中间退火控制析出的优点也是明显的，发生再结晶的过程使得冷轧过程中由于晶粒取向不同造成的储能差异得以均匀化，在此基础上析出开始进行，较铸带热处理过程更加均匀地析出。前面的计算过程中峰值析出温度在950℃，但是这是基于最大析出量的计算结果，析出粒子尺寸偏小，为了达到抑制剂元素以30～50nm析出，中间退火温度设定为1030～1050℃。

（5）二次冷轧：二次冷轧压下量为60%～80%，可促进γ组分的形成。

（6）二次再结晶过程：冷轧带初次再结晶退火由于不考虑脱碳温度，初次再结晶温度可以更低，从而细化初次再结晶晶粒，有利于提高二次再结晶晶粒。完成初次再结晶进行缓慢升温的二次再结晶退火得到完善的二次晶粒。

铸轧取向硅钢工艺流程如图6-2所示。

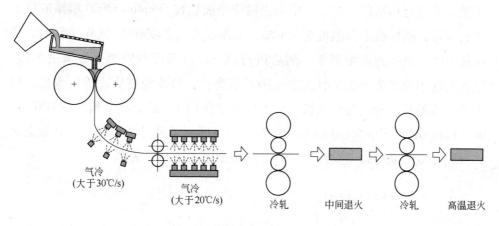

图6-2　铸轧取向硅钢工艺流程

铸带冷轧在 $\phi110/350mm \times 300mm$ 直拉式四辊可逆式冷轧实验机上进行，铸带分别从 2.1mm 冷轧 20%、40%、60%，同时沿铸带 TD 向轧制 60% 四组对比实验，第二阶段投入相同冷轧压下大于 60%。退火实验在多功能气氛保护炉中进行，中间退火保护气氛为 N_2，初次再结晶退火保护气氛为 30% H_2 + N_2。高温退火在 Ar 气氛保护下进行，1100℃ 以上通入 50% H_2 + N_2，1150℃ 以上通入 100% H_2 升温至 1180℃ 净化退火 10h。冷轧机参数如表 6-3 所示。

表 6-3 $\phi150 \times 300$ 直拉式四辊可逆轧机参数

项 目	参 数 值	材 质
工作辊直径/mm	150	GCr15
支撑辊直径/mm	350	12CrMoV
辊身长度/mm	300	—
轧制速度/m·s^{-1}	0 ~ 0.3	—
最大轧制力/kN	1200	—
传动比	180 : 1	—
主电机功率/kW	18.5	—

6.2.3 检测项目

6.2.3.1 金相检测

金相试样是从实验钢板上切取的 12mm × 8mm 薄片。由于试样较薄（铸带厚度为 2.0mm 左右，冷轧态和退火态试样厚度为 0.5mm），为保证观察面平整，需进行热镶嵌。本实验中采用树脂镶嵌粉在 Simplimet3000 型镶嵌机上进行镶嵌，镶样机工作温度为 150℃，工作压力为 290MPa。试样镶好后，依次用 100 ~ 1500 的砂纸磨平，然后进行抛光，以抛掉砂纸磨平带来的划痕。抛光时使用粒度为 W2.5 的人造金刚石研磨膏，抛掉划痕后需进行水抛，以去除抛掉的粒子和研磨膏残留。抛光后的试样用 4% 的硝酸酒精(4% HNO_3 + 96% C_2H_5OH) 溶液腐蚀约 40s，放到光学显微镜下进行金相观察。高温退火试样金相观察采用盐酸腐蚀晶界，并且喷涂用光油保护试样。

6.2.3.2 取向的检测

微观取向检测：取 12mm × 8mm 的试样，可用试样夹将多个试样夹在一起，依次经过 100～1500 砂纸磨平，然后进行电解抛光。本实验所采用的电解液成分配比为 550mL C_2H_5OH + 50mL $HClO_4$ + 5mL H_2O，抛光电压经过摸索设定为 24V，抛光时间 20s，工作电流为 0.4～0.8A。试样抛光完成后，用导电胶顺次粘结，粘结过程中注意保证所观察的各面在一个平面上。试样制备完成后，用 FEI Quanta 600 扫描电镜上的 OIM4000 EBSD 系统对试样进行分析。分别使用 TSL OIM Data Collection 4.6 和 TSL OIM Data Analysis 4.6 进行衍射花样自动采集和数据分析。

宏观取向检测：切取 20mm × 22mm 的试样，依次经过 100～1500 砂纸磨平后，用20%的稀盐酸（20% HCl + 80% H_2O）进行去应力腐蚀，以去除试样表面的变形层。试样制备完成后，在 Philip PW3040/60 型 X 射线衍射仪上进行检测，采用 CoKα 辐射，通过测量样品的{110}、{200}和{112}三个不完整极图来计算取向分布函数（ODF），L_{max} = 22。本实验中，以"H"表示试样厚度，分别测量了试样表层（0H）、1/4 层（1/4H）和 1/2 层（1/2H）的取向分布。

6.2.3.3　析出物的观察

本实验采用透射方法分析无取向硅钢中的析出物。以线切割切取 10mm × 10mm 的试样，依次经过 240～1500 砂纸磨至 80μm 以下。为保证试样平整，减少观察过程中应力条纹的影响，应以平整的橡皮擦对试样轻轻地磨，特别是换用 800 以上砂纸后，更应注意避免应力的引入。磨好后的试样用冲孔机冲成 φ3mm 的小圆片，再用 1500 或 2000 砂纸轻轻磨至 50μm 以下，进行双喷，制作薄区。试样制备完毕后，在 FEI Tecnai G2 F20 透射电子显微镜下进行观察。

6.2.3.4　磁性能检测

本实验采用 MATA 磁性材料自动测试系统 V4.0 进行实验材料磁性测量与数据分析记录，使用 MATS-2010M 硅钢测量装置测量无取向硅钢单片的磁性能。设备工作原理如图 6-3 所示。该装置符合 GB/T 3655—92、GB/T 13789—92 的规定。可使用爱泼斯坦方圈和单片测量卡头测量各种硅钢片在 50Hz～1kHz 频率下的 B（H）磁化曲线、Ps（B）损耗曲线[73]。本测量装置可以测量以下三种尺寸的硅钢片（宽度×长度）：30mm×100mm、30mm×300mm、100mm×100mm。

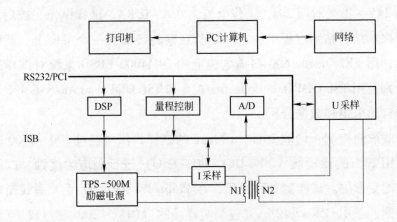

图 6-3　MATS-2010M 硅钢测量装置工作原理示意图

6.3　实验结果分析与讨论

6.3.1　铸带组织、织构和析出物分析

常规热轧板中的主要织构类型为较强的 α 组分（RD∥⟨110⟩）和 γ 组分，这是由于铸坯在热轧过程中经过大压缩比变形后，尤其是在单一的 α-相低温终轧时，动态再结晶并不充分，晶粒取向转向{110}∥轧制变形面。由于表层和次表层在变形过程中强烈的剪切变形，也有部分热轧的 Goss 织构存在。同时，铸坯的凝固柱状晶和粗大晶粒被充分破碎，热轧板主要组织为拉长变形晶粒。这与铸带组织和织构存在较大差别，铸带晶粒尺寸在 50～200μm，部分晶粒长轴方向∥ND 方向，这是由于铸轧凝固过程中存在 ND 方向上的温度梯度，铸带中硅含量为 3% 导致传热能力较差，固液相线平稳推进，因此铸带凝固过程虽然使部分晶粒存在∥ND 长轴，但是并没有形成明显的柱状晶组织，如图 6-4a 所示，铸带中心存在明显细化的变形组织，厚度达到 0.2～0.3mm，这个区域内存在等轴晶粒，晶粒尺寸为 50～100μm。

已有研究结果证明[78]，铸带凝固组织明显受到浇铸温度的影响，随着浇铸温度升高，晶粒尺寸加大，同时 {100} 面织构强度提高。铸带中存在部分 {100} 面织构和部分 {110} 面织构，如图 6-4b 所示。这是由于钢液快

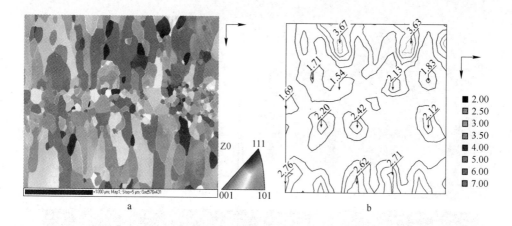

图 6-4 铸带 EBSD 取向成像图 （a） 和 $\varphi_2 = 45°$ ODF 截面图 （b）

速凝固形成较厚的坯壳，而 Kiss 点高于 Nip 点，产生高温变形，从而显著影响了组织和织构分布。铸带中存在较强的 {110} 组分，存在 {110}〈110〉和 {110}〈221〉两个强点。大量 XRD 证明，{110} 组分的强点分布并不存在明显的规律性，而是在 {110} 面上存在比较随机的强点。个别晶粒为 Goss 取向，这里面位向接近的 Goss 形成机制也不是常规认为的热轧剪切变形形成的。这明显与高温凝固组织变形有密切的关系。薄带铸轧过程中，凝固坯壳在铸辊上形成，由于〈100〉∥ND 向的温度梯度，形成 {100} 面织构，这些晶粒生长进入未凝固的液体内部，当到达 Kiss 点后，晶粒折断并整体转动 90°，晶粒继续长大完成凝固过程，形成 {110} 取向的晶粒。

值得注意的是，与常规热轧板相比，粗大的铸带组织并不是十分理想。在冷轧后的退火过程中，粗大的 {100}〈0vw〉由于储能较低很难发生再结晶，而仅仅发生回复，粗大的回复晶粒破坏了取向硅钢的初次再结晶组织的均匀性，这会导致成品的二次再结晶组织不完善，显著恶化磁性能。而铸带初始凝固组织中亚晶的存在能够起到细化晶粒的作用，亚晶界可以提供额外的再结晶形核位置，有利于再结晶基体的均匀性，如图 6-5 所示。

抑制剂控制是生产取向硅钢的核心之一，在常规生产流程中，需要采用高温加热以固溶铸坯中粗大的析出物，并在热轧及常化工艺中细小弥散析出，并抑制初次再结晶晶粒的长大，以促进高斯晶粒发生二次再结晶。而采用薄带连铸工艺生产取向硅钢，其抑制剂控制思路与常规热轧工艺显著不同。利

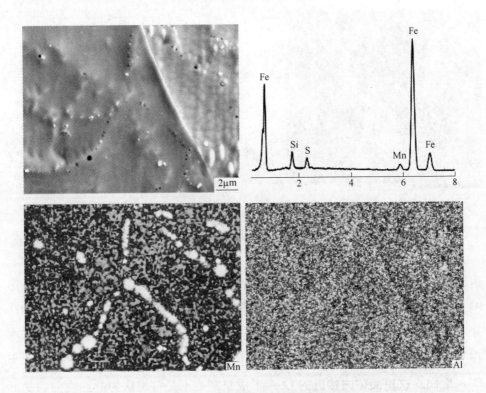

图 6-5 铸带中析出物的分布

用薄带连铸亚快速凝固的优势，粗大的析出物数量急剧减少，铸带中的析出行为大都被抑制，能够直接实现抑制剂固溶处理的效果。经冷轧变形及合适的热处理工艺后，有效的抑制剂大量析出。而亚晶的存在不仅为再结晶提供了形核位置，而且也能够为析出物提供形核位置，析出促进了抑制剂的析出。

　　研究表明[74]，有效的抑制剂尺寸范围在 30 ~ 70nm 左右，而在本实验条件下，沿亚晶析出的 MnS 约为 100nm，已经失去了抑制效果，但是铸带中沿亚晶析出的 AlN 很难被观察到，这说明大部分 AlN 仍保持固溶状态，这是由于析出物的相变驱动力不同造成的。经冷轧和热处理后，AlN 和部分固溶的MnS 仍然可以细小弥散析出，并作为有效的抑制剂强烈抑制晶粒长大，促进高斯晶粒发生二次再结晶。另外，亚晶上析出物的尺寸也与铸带的冷却速度有关，通过提高铸辊与钢液的热交换系数来抑制析出物长大，也可提高有效抑制剂的分布密度。

　　取向硅钢抑制剂也可以在钢中的某些夹杂物上析出，可以作为析出物的

核心，在铸带冷速相对较慢的中心层中可以观察到粗大的复合析出。由图6-6
可知，AlN 与 MnS 能够依附在 Zr 的化合物上析出并显著粗化，因此，为了保
证抑制剂组成元素能够更好的固溶，需要对钢质的纯净度有一定的要求。但
是另一方面，对于无取向硅钢而言，适量的杂质元素能够粗化析出物反而对
最终的磁性能有益。铸带中微米级别的析出表明，铸轧条件下的 MnS 析出在
高温已经开始，并且随着铸带快速冷却过程而进行，对于前期研究者有关
MnS 在铸坯中的析出和固溶模型需要进行一定程度的修正。

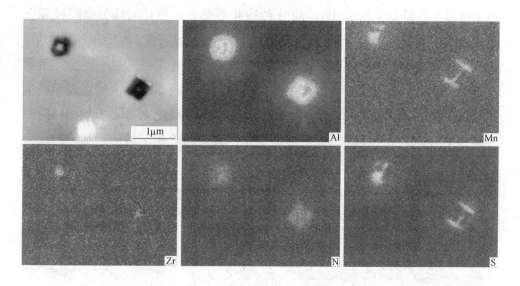

图 6-6　铸带中的复合析出物的形貌

结果表明，铸带在快速凝固及小变形条件下均能产生足够的位错，回复
形成亚晶。亚晶的存在一方面可以细化原始凝固组织，有利于均匀初次再结
晶组织；另一方面，能够为 MnS 析出提供形核位置，为铸带中的抑制剂控制
提供一定的析出位置。铸带织构中存在部分 {100} 和 {110} 组分，需要通
过大压下量轧制过程促进 γ 织构量的增加，才能完成二次再结晶过程。

6.3.2　结晶退火过程中的组织、织构和析出物

取向硅钢二次再结晶的必要条件有三个：（1）抑制剂大量细小且弥散析
出，稳定抑制初次再结晶晶粒正常长大；（2）基体再结晶织构类型为强的 γ
组分，为异常长大晶粒提供稳定的基体；（3）存在一定量的 Goss 晶粒作为

"种子"。铸带晶粒较为粗大，而且晶体织构中γ组分较少，需要通过进一步的轧制变形来得到γ组分。因为储能的连续积累以及消除动态回复和再结晶过程，冷轧对晶粒的破碎和促进晶粒转动的效果要高于热轧，所以针对铸带特点采用两阶段冷轧的办法来促进适合的基体织构，并且在中间退火过程中促进基体中固溶的抑制剂达到理想的析出效果，同时在中间退火过程中形成部分 Goss 晶粒，作为"种子"参与到后面的二次再结晶过程中。

第一阶段不同冷轧压下量对初次再结晶的影响如图 6-7 所示。第一阶段压下量过小，铸带中的 {100} 组分转动并不充分，而且大部分晶粒破碎并不严重，中间退火时部分晶粒再结晶并不充分，经过第二次冷轧和退火后，仍有部分拉长晶粒保存下来；另外第一阶段如果冷轧压下量过小还会导致第二阶段冷轧中部分大晶粒内部产生晶内剪切，再结晶非常迅速地完成而产生局部细小晶粒，造成取向度不均，如图 6-7a 所示。经过 40% 以上的第一阶段冷轧压下后，组织初次再结晶明显均匀化，而且随着压下量的增加，初次再

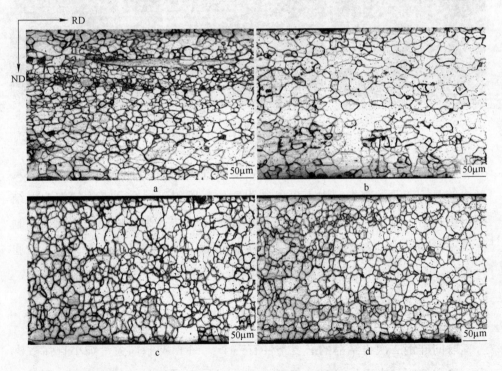

图 6-7　压下量对初次再结晶组织的影响

a—20% +60%；b—40% +60%；c—60% +60%；d—TD 60% +60%

结晶晶粒尺寸明显减小，如图 6-7b 和图 6-7c 所示。沿铸带 TD 进行大压下量轧制时的再结晶组织与 RD 方向轧制组织没有明显区别，如图 6-7d 所示。初次再结晶组织晶粒达到 $15 \sim 30 \mu m$ 的级别，并且随着压下量的增加，初次再结晶组织细化程度明显。

　　压下量对中间退火和最终退火织构的影响如图 6-8 和图 6-9 所示。可以看到，第一道次压下量对于 $\{100\}$ 组分的降低作用是非常明显的，随着冷轧压下量的增加，Goss 组分开始随之提高，当压下量达到 60% 时，才能出现明显的 $\{111\}\langle112\rangle$ 组分，显而易见冷轧压下量对于铸带织构的调整作用是非常明显的，如图 6-8a、b 和 c 所示。铸带 TD 轧制的试样中间退火织构中发现

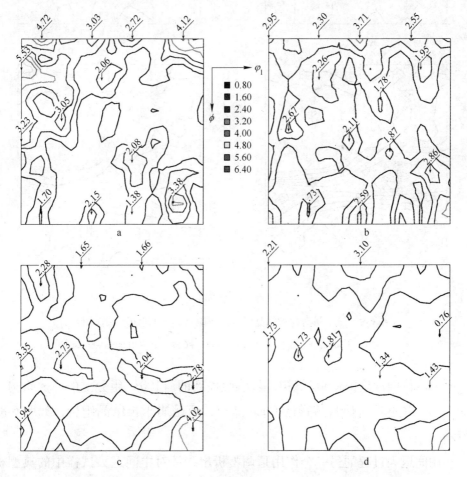

图 6-8　压下量对中间退火再结晶织构的影响（$\varphi_2 = 45°$ODF 截面图）

a—20%；b—40%；c—60%；d—TD 60%

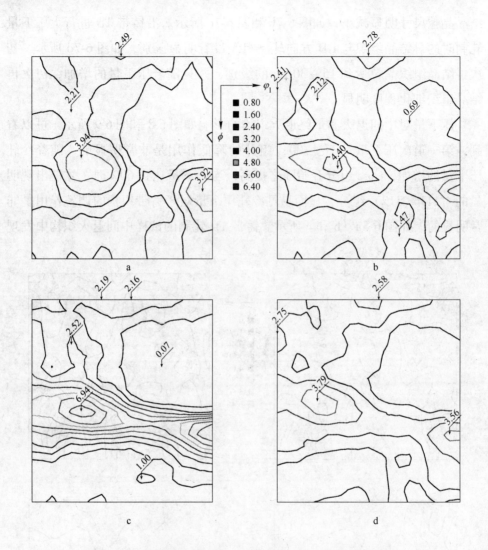

图 6-9   压下量对初次结晶织构的影响（$\varphi_2 = 45°$ODF 截面图）

a—20% +60%；b—40% +60%；c—60% +60%；d—TD 60% +60%

了明显的位向准确的 Cube 织构，与前面提到的 {100} 组分上的漫散织构明显不同，并不是遗传自铸带的 Cube 晶粒，而是属于再结晶织构，如图 6-8d 所示。

中间退火过程的另一个作用是调整析出，针对中间退火试样中的典型析出物做了 TEM 分析，结果如图 6-10 所示。峰值析出温度受到固溶量、温度、储能等一系列因素的影响，中间退火过程中薄带状态、退火温度和保温时间是最重要的影响因素，可以看到基体中大于 50nm 粒子多为铸带冷却过程中析出的粒子，如图 6-10a 和图 6-10c 所示；而中间退火时析出的粒子尺寸达到 10～20nm 的水平，而且在大压下量冷轧退火试样中的析出更为充分，如图 6-10b 和图 6-10c 所示。

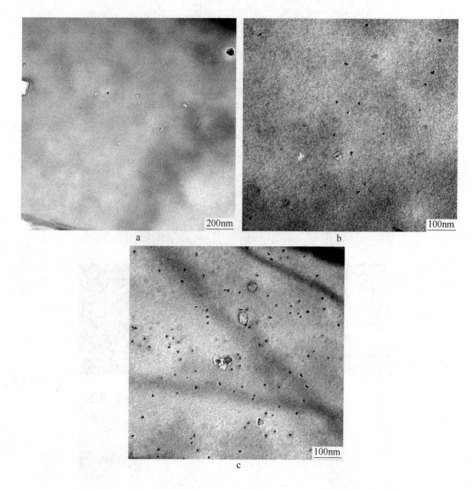

图 6-10 退火过程中抑制剂的析出

a—20%；b—40%；c—60%

6.3.3 取向硅钢二次再结晶与磁性能

高温退火后各个工艺条件下二次再结晶完善程度如图 6-11 所示。经过高温退火后，一道次压下量较小的退火样二次再结晶发展并不完善，初次晶粒明显粗化，这与抑制剂状态有很大关系，如图 6-11a 所示；随着一阶段冷轧压下量的提高，二次晶粒开始发展，但是尺寸较小，只有 3~5mm，并且部分初次晶粒仍然存在，如图 6-11b 所示；当一阶段冷轧压下量大于 60% 后，二次再结晶充分发展，达到 10~30mm 的水平，磁感值 B_8 达到 1.94 以上。

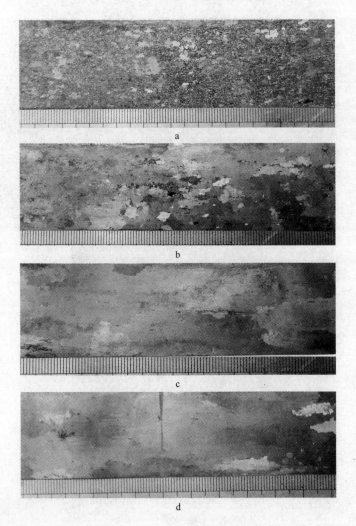

图 6-11　二次再结晶晶粒的组织

a—20% +60%；b—40% +60%；c—60% +60%；d—TD 60% +60%

6.4　本章小结

在本章研究中以铸轧低碳取向硅钢为研究对象，考察了通过铸轧流程本身固溶大量抑制剂促进二次再结晶的可能性，通过研究铸带在不同压下量条件下组织、织构和析出物的演化规律，及其对二次再结晶行为的影响，得到如下结论：

（1）铸带组织中存在凝固亚晶组织，细化了铸带中的粗大凝固晶粒，亚晶界为过饱和固溶的第二相粒子提供了位置，使得铸带中存在 $50\sim100\text{nm}$ 的析出。

（2）铸带中存在部分 $\{100\}$ 和 $\{110\}$ 组分晶粒，随着冷轧压下量的增加这两种组分逐渐消失，而 Cube 晶粒保留在初次再结晶组织中，在最终退火过程中消失。

（3）铸带第一阶段压下量明显影响初次再结晶组织，冷轧压下量增加初次晶粒明显细化，这是因为在中间退火中，一阶段大压下量试样经过冷轧退火后的抑制剂析出量明显提高。

（4）铸带经过两阶段 60% 以上冷轧和高温退火后可以获得理想的二次再结晶组织，Goss 晶粒尺寸 $10\sim30\text{mm}$，磁感 B_8 达到 1.92 以上。

7 结 论

本研究报告主要研究了双辊薄带连铸生产高品质电工钢（包括无取向硅钢和取向硅钢）过程典型的铸带组织、织构形成及控制原理，阐释了铸带微结构和取向控制、后续冷轧及退火工艺对成品硅钢组织、织构和磁性能的影响规律，成功制备了具有优异磁性能的高效率高性能电机用无取向硅钢，提出了超低碳铸轧取向硅钢新成分和工艺体系，并在实验室条件下开发了高磁感超低碳取向硅钢的原型钢，主要结论如下：

（1）双辊薄带连铸生产 1.3% Si 无取向硅钢铸带组织晶粒为不规则等轴晶，组织总体粗大均匀，在空冷条件下存在细小的等轴晶，最小的晶粒不大于 $20\mu m$。铸带采用缓冷和空冷二次冷却对表面质量有较大影响，缓冷铸带表面裂纹较少，内应力较小。铸轧带的表面形成了一层 $\{100\}$ 面织构，到 1/4 层消失。内部织构较弱，各组分随机漫散，织构的取向密度很低，且铸带宽度方向边部和中心强度没有区别，几乎没有形成 γ 织构，形成少量的 α 和 η 织构。

（2）在合理的铸轧工艺下，铸带组织比传统热轧组织的晶粒更加粗大、均匀，其晶粒尺寸甚至远大于传统热轧后经过常化（或预退火）处理的冷轧坯料，这种粗大晶粒在冷轧中生成更多剪切带从而促进 Cube 和 Goss 取向晶粒生成，有利于减少热轧过程中形成的 γ 织构的遗传作用，提高磁性能。双辊铸轧生产的 1.3% Si 高效电机用无取向硅钢，与同等成分的传统产品 50W600（磁感值大于 1.66T）相比，总体铁损较低、磁感很高，其磁性能指标均达到了 50W540 水准，磁感高出 0.1T 以上，轧向磁感值达到 1.84T，显示了双辊薄带连铸生产高品质无取向硅钢的优势。

（3）各浇铸温度下 γ 织构都很弱，提高浇铸温度和过热度有利于粗化晶粒，改善铸带织构，提高〈001〉∥ND 取向的占有率，减少〈111〉∥ND 取向的占有率。通过减薄铸带厚度可以适度减小冷轧压下量，从而影响冷轧及退火过程晶粒的取向变化，减少有害的变形织构积累，而变形储能的减小有利于增大再结晶晶粒尺寸，更大程度地保留铸带中的 {100} 织构，提高成品的磁感，降低铁损和磁各向异性。铸带中存在粗大的 AlN 析出物，尺寸在 100nm 以上，在后续冷轧和热处理过程中形貌和尺寸变化不大，对再结晶晶粒长大没有明显的抑制作用。薄带以及成品组织中还出现有尺寸较小的 MnS 析出，呈弥散分布特征，对铸带和成品中的晶粒长大有一定的抑制作用。

（4）实验室采用中温铸坯加热工艺把铸坯加热温度降低到 1250~1280℃ 范围内，克服了传统高温加热烧损严重、加热炉寿命短、成材率低、热轧带钢表面质量差等缺陷，减少了能源消耗，极大地降低了生产成本，并且可以在不采用辅助抑制剂、不添加渗氮工艺条件下，通过对取向硅钢生产流程的各个工艺进行反复优化，合理控制全流程的组织、织构及抑制剂的演化，最终使磁性能达到 Hi-B 钢的水平（$B_8 \geqslant 1.9T$，$P_{17} \leqslant 1W/kg$）。

（5）中温取向硅钢采用两阶段冷轧法 + 中间退火方法，可以明显细化初次再结晶晶粒，通过中等压下率及冷轧后中间退火使更多的晶粒转动到高斯取向，提高重位点阵晶界（$\Sigma5$、$\Sigma9$）以及 20°~45°取向偏差角所占的比例，从而更有利于高斯晶粒发生二次再结晶。在取向硅钢中加入较高含量的铜时，析出的硫化物以 Cu_2S 为主，MnS 仅在高温段有少量析出。常化对抑制剂的析出影响很大，采用 1030℃×5min 常化后空冷 5s 再淬火工艺析出物的尺寸在 20~30nm 左右，分布密度约为 4.11×10^{10} 个/cm^2，抑制效果最强。两阶段冷轧法脱碳后抑制剂比一阶段冷轧脱碳后的尺寸略有增大，分布密度有所增高，抑制效果较好。高温退火后抑制剂完全粗化，最大尺寸能达到微米级别且多为复合析出物，此时已经失去了抑制效果，高斯晶粒二次再结晶发展完善。

（6）由于薄带连铸具有快速凝固和快速冷却的特点可以使抑制剂充分固溶，本研究报告提出了超低碳铸轧取向硅钢新成分和工艺体系。将碳含量控制在 40×10^{-4}% 以下和在工艺上取消热轧和常化过程，在国际上首次成功制备出二次再结晶比率超过 95%、晶粒尺寸为 10~30mm 的 0.27mm 厚取向硅钢原型钢，磁感值 B_8 在 1.92T 以上，达到 Hi-B 钢磁性能水平。

（7）超低碳取向硅钢铸带组织中存在凝固亚晶组织，细化了铸带中的粗大凝固晶粒，亚晶界为过饱和固溶的第二相粒子提供了位置，使得铸带中存在 50～100nm 的析出；铸带中存在部分 {100} 和 {110} 组分晶粒，随着冷轧压下量的增加这两种组分逐渐消失，而 Cube 晶粒保留在初次再结晶组织中，在最终退火过程中消失；铸带第一阶段压下量明显影响初次再结晶组织，冷轧压下量增加初次晶粒明显细化，这是因为在中间退火中，一阶段大压下量试样经过冷轧退火后的抑制剂析出量明显提高。

参 考 文 献

[1] 何忠治，赵宇，罗海文. 电工钢[M]. 北京：冶金工业出版社，2012.

[2] 王蓓，周雅琴，黎世德，等. 常化工艺对双取向硅钢磁性能和织构的影响[J]. 武钢技术，2010(3)：34~36.

[3] 林均品，叶丰，陈国良，等，6.5wt%Si高硅钢冷轧薄板制备工艺、结构和性能[J]. 前沿科学，2007(2)：13~26.

[4] Barrett W F，Brown W，Hadfield R A. Sci. Trans. Roy [J]. DublinSoe，1900(7)：67.

[5] Goss N P. U. S. Patent. 1965559 [P]. 1934.

[6] CarPenter W. U. S. Patent. 2385332[P]. 1945.

[7] Kawasaki Steel Corp. Jpn. Kokoku51-13469.

[8] 陈卓. 中国电工钢生产现状及后期展望[J]. 中国冶金，2010，20(8)：15~23.

[9] Hu H. Direct Observations on the Annealing of a Si-Fe Crystal in the Electron Microscope [J]. Journal of Trans. Metal. Soc. AIME，1992(2)：75~84.

[10] 张新仁，谢晓心. 低铁损高磁感无取向系列电工钢的研制[J]. 钢铁研究，2000(1)：19~23.

[11] Tanaka I，Yashiki H. Magnetic properties and recrystallization texture of phosphorus added non-oriented electrical steel sheets [J]. Journal of Magnetism and Magnetic Materials，2006，304 (2)：611~613.

[12] Kubota T. Recent progress on non-oriented silicon steel [C]. Proc. 16th Soft Magnetic Materials Confed. D. Raabe [D]. Verlage Stahleisen，Germany，2004：79~85.

[13] Oda Y，Tanaka Y，Chino A，Yamada K. The effects of sulfur on magnetic properties of non-oriented electrical steel sheets [J]. Journal of Magnetism and Magnetic Materials，2003：254~255；361~363.

[14] Taisei Nakayama，Takashi Tanaka. Effects of titanium on magnetic properties of semi-processed non-oriented electrical steel sheets [J]. Journal of Materials Science，1997，32：1055~1059.

[15] Taisei Nakayama，Noriyuki Honjou. Effect of zirconium on the magnetic properties of non-oriented semi-processed electrical steel sheet [J]. Journal of Materials Engineering and Performance，2000，9(5)：552~556.

[16] Schneider Juergen，Fischer O. Influence of deformation process on the improvement of non-oriented electrical steel [J]. Journal of Magnetism and Magnetic Materials，2003：254~255；302~306.

[17] Park J T，Szpunar J A. Effect of initial grain size prior to cold rolling on annealing texture in

non-oriented electrical steel [C]. Mater Sci Forum, 2002, 408~412: 1257~1262.

[18] Jong-Tae Park, Jerzy A. Szpunar. Evolution of recrystallization texture in non-oriented electrical steels [J]. Journal of Acta Materialia 2003, 51: 3037~3051.

[19] Marco Ada Cunha, Sebastio C Paolinelli. Effect of hot rolling temperature on the structure and magnetic properties of high permeability non-oriented silicon steel [J]. Journal of Steel Research International, 2005, 76(6): 421~424.

[20] Bde Boer, Wieting J. Formation of a near {100}⟨110⟩ recrystallization texture in electrical steels [J]. Journal of Scripta Materialia, 1997, 37(6): 753~760.

[21] 储双杰. 生产工艺参数对无取向电工钢磁性的影响[J]. 特殊钢, 2003, 24(2): 37.

[22] Wang Junan, Zhou Bangxin, et al. Formation and control of sharp {100}⟨021⟩ texture in electrical steel [J]. Journal of Iron and Steel Research, International. 2006, 13(2): 54~58.

[23] 金自立, 任慧平, 等. 无取向硅钢退火织构演变与磁性能关系的研究[J]. 材料热处理学报, 2007, 28 (2): 77~80.

[24] Nakayama T, Honjou N, Minaga T, Yashiki H. Effects of manganese and sulfur contents and slab reheating temperatures on the magnetic properties of non-oriented semi-processed electrical steel sheet [J]. Journal of Magnetism and Magnetic Materials, 2001, 234(1): 55~61.

[25] Nakayama T, Honjou N. Effect of aluminum and nitrogen on the magnetic properties of non-oriented semi-processed electrical steel sheet [J]. Journal of Magnetism and Magnetic Materials, 2000, 213(1~2): 87~94.

[26] 刘征良, 李春光. 高效电机提高效率的方法[J]. 电机技术, 2010, 1: 11~15.

[27] 张新仁, 谢晓心. 高效率电机与高磁感无取向电工钢[J]. 武钢技术, 2000, 38(5): 6~10.

[28] 梁宝贵, 杜洪伟. 高效电机用硅钢片探讨[J]. 防爆电机, 2010, 1(45): 2~13.

[29] 王立涛, 朱涛, 等. 高效电机及高效电机用硅钢片的发展[C]. 第十届全国电工钢专业学术年会论文集, 2008: 109~114.

[30] Kubota T, Miyoshi K, et al [J]. J. App Phys, 1987, 61(8): 3856.

[31] 日裏昭ほか[J]. NKK 技报 1997, 157: 11.

[32] 中山大成ほか[J]. 住友金属, 1996, 48(3): 39.

[33] 尾崎芳宏ほか[J]. 川崎制铁技报, 1997, 29(3): 183.

[34] 离岛稔ほか[J]. 川崎制铁技报, 1997, 29(3): 185.

[35] 魏天斌. 国外取向电工钢工艺发展新趋势[J]. 钢铁研究, 2007, 35(1): 55~58.

[36] 吴开明. 取向电工钢的生产工艺及发展[J]. 中国冶金, 2012, 22(3): 1~5.

[37] 李军, 孙颖. 取向硅钢低温铸坯加热技术的研发进展[J]. 钢铁, 2007, 42(10): 72~

75.

[38] 朱业超，王良芳，乔学亮. 表面处理细化取向硅钢磁畴的方法与机理[J]. 钢铁研究，2006(6)：50.

[39] 刘新彬，孔祥华，何业东，等. 氮化硅张力涂层对取向硅钢性能的影响[J]. 材料热处理学报，2007，28(6)：128.

[40] 夏强强，李莉娟，刘丽华，等. 取向硅钢生产工艺研究进展[J]. 材料导报，2010，23(3)：85~88.

[41] Liu Z Y, Lin Z S, Qiu Y Q, Li N, Wang G D. Segregation in twin roll strip cast steels and the effect on mechanical properties [J]. Journal of ISIJ Inter. , 2007(47)：255.

[42] 杨春楣，周守则，丁培道，等. 双辊连铸硅钢薄带研究现状[J]. 材料导报，1999，13(1)：24~28.

[43] 丁培道，蒋斌，杨春楣，等. 薄带连铸技术的发展现状与思考[J]. 中国有色金属学报，2004，14(1)：192~196.

[44] 邹冰梅，阮晓丰，等. 双辊薄带连铸工艺生产硅钢技术[J]. 钢铁研究，2003(5)：59~63.

[45] 谢晓心，张新仁. 主要成分和工艺对极低铁损高磁感无取向电工钢磁性的影响[J]. 钢铁研究，2003(5)：52~58.

[46] 金自力，齐建波，韩强，等. 低牌号冷轧无取向硅钢的织构及电磁性能的对比分析[J]. 金属功能材料，2006，13(1)：1~3.

[47] 许令峰，毛卫民. 2000 年以来国外无取向电工钢的研究进展[J]. 世界科技研究与发展，2007，29(2)：36~40.

[48] 毛卫民，张新明. 晶粒材料织构定量分析[M]. 北京：冶金工业出版社，1993：3~4.

[49] 张元祥. 双辊薄带铸轧 1.2% Si 无取向硅钢的研究[D]. 沈阳：东北大学，2010.

[50] Harase J, Shimizu R. Infuence of cold rolling reduction on the grain boundary character distribution and secondary recrystallization initrided Fe 3% Si alloy[J]. Journal of Magnetism and Magnetic Materials, 2000, 215~216：89~91.

[51] 张文康，毛卫民，白志浩. 退火温度对冷轧无取向硅钢组织结构和磁性能的影响[J]. 特殊钢，2006，27(1)：15~17.

[52] 金自力，任慧平，张红杰. 无取向硅钢退火织构的演变与磁性能关系的研究[J]. 材料热处理学报，2007，28(2)：77~80.

[53] Lee D N, Jeong H T. The evolution of the goss texture in silicon steel[J]. Scripta Materialia, 1998, 38(8)：1219~1223.

[54] Biller M R. Role in grain shear bands in the nucleation of ⟨111⟩ ND Re-crystallization texture in

warm rolled steel[J]. ISIJ Int. , 1998, 38(1): 78 ~ 85.

[55] Matsuo M. Texture control in the production of grain oriented silicon steel[J]. ISIJ International, 1989, 29(10): 809 ~ 827.

[56] Kumano T, Haratani T, Ushigami Y. The relationship between primary and secondary recrystallization texture of grain oriented silicon steel[J]. ISIJ International, 2002, 42(4): 440 ~ 449.

[57] Xia Z S, Kang Y L, Wang Q L. Developments in the production of grain-oriented electrical steel[J]. Journal of Magnetism and Magnetic Materials, 2008, 320(23): 3229 ~ 3233.

[58] Li G B, Zhang P J, Yang Y J, et al. Method for manufacturing grain-oriented silicon steel with single cold rolling: US, 2012000262A1 [P], 20125-01-05.

[59] Li Y, Mao W M, Yang P. Inhomogeneous distribution of second phase particles in grain oriented electrical steels[J]. Journal of Materials Science and Technology, 2011, 27(12): 1120 ~ 1124.

[60] 颜孟奇, 钱浩, 杨平, 等. 电工钢中黄铜织构行为及其对 Goss 织构的影响[J]. 金属学报, 2012, 48(1): 16 ~ 22.

[61] Rajmohan N, Szpunar J A, Hayakawa Y. Importance of fractions of highly mobile boundaries in abnormal growth of Goss grains[J]. Scripta Materialia, 2007, 57(9): 841 ~ 844.

[62] 刘海涛. Cr17 铁素体不锈钢的组织、织构、和成形性能研究[D]. 沈阳: 东北大学, 2009.

[63] Rajmohan N, Szpunar J A. An analytical method for characterizing grain boundaries around growing goss grains during secondry recrystallization[J]. Scripta Materialia, 2001, 44(10): 2387 ~ 2392.

[64] Maazi N, Rouag N, Etter A L, et al. Influence of neighbourhood on abnormal goss grain growth in Fe-3% Si steels: formation of island grains in the large growing grain[J]. Scripta Materialia, 2006, 55(7): 641 ~ 643.

[65] 吕其春, 帅仁杰, 周秀媛, 等. 高磁感取向硅钢轧制和再结晶织构的研究[J]. 金属学报, 1981, 17(1): 58 ~ 66.

[66] Iwayama K, Haratani T. The dissolution and precipitation behavior of AlN and MnS in grain-oriented 3% silicon-steel with high permeability[J]. Journal of Magnetism and Magnetic Material, 1980, 19: 15 ~ 17.

[67] 岛津高英, 酒井知彦ほか. Cu_xS の溶体化 および析出挙動[J]. 鉄と鋼, 1984, 70(5): S568.

[68] Wriedt H A, Hu H. The solubility product of manganese sulfide in 3% silicon-iron at 1270 to 1670K[J]. Metallurgical Transactions A, 1976, 7(5): 711 ~ 718.

［69］ Kononoa A, Mogutnov B M. Effect of carbon on precipitation of MnS inhibitor in grain-oriented 3% silicon-steel[J]. ISIJ International, 1999, 39(1): 64~68.

［70］ Liu Z Z, Kobayashi Y, Nagai Y. Crystallography and precipitation kinetics of copper sulfide in strip casting low carbon steel[J]. ISIJ International, 2004, 44(9): 1560~1567.

［71］ 孙颖. 低温板坯加热工艺制备取向硅钢的研究[D]. 沈阳: 东北大学, 2009.

［72］ 杨佳欣, 刘静. 浅谈氮元素在高磁感取向硅钢生产中的应用[J]. 武钢技术, 2007, 45(5): 38~41.

［73］ 张颖, 傅耘力. 高磁感取向硅钢中的抑制剂[J]. 中国冶金, 2008, 18(11): 4~8.

［74］ Keith Jenkins, Magnus Lindenmo. Precipitates in electrical steels [J]. Journal of Magnetism and Magnetie Materials, 2008, 320(20): 2423~2429.

［75］ Iwanaga I, Iwayama K. Method of producing grain-oriented electrical steel having high magnetic flux[P]. USA Patent: 5051138, 1991.

［76］ Stefano Fortunati, Stefano Cicale, Giuseppe Abbruzzese. Process for the producing of grain-oriented electrical steel strips [P]. USA Patent : 6964711, 2005.

［77］ Schoen J W, Williams R S, Huppi G S. Method of continuously casting electrical steel strip with controlled spray cooling [P]. USA Patent : 6739384, 2004.

［78］ Jae Young Park, Kyu Hwan Oh. The effects of superheating on texture and microstructure of Fe-4.5wt% Si steel strip by twin-roll strip casting[J]. ISIJ, 2001, 41(1): 71~75.